大型 LNG 储罐抗震与隔震
分析方法及试验

孙建刚　崔利富　罗东雨　著

科学出版社

北　京

内 容 简 介

本书系统介绍了大型 LNG 储罐抗震与隔震分析方法及试验，并通过试验研究，建立了工程设计应用简化方法。本书首先介绍 LNG 储罐结构体系与抗震安全，然后依次介绍 LNG 储罐抗震设计理论和方法、LNG 储罐隔震设计理论和方法、$16\times10^4\mathrm{m}^3$ LNG 全容罐抗震数值仿真分析、$16\times10^4\mathrm{m}^3$ LNG 全容罐隔震数值仿真分析，最后介绍储罐振动台试验。

本书可作为从事土木工程、储运工程等领域的工程设计、科学研究人员的参考书，也可供相关专业研究生学习、参考。

图书在版编目(CIP)数据

大型 LNG 储罐抗震与隔震分析方法及试验 / 孙建刚，崔利富，罗东雨著. —北京：科学出版社，2019.6
ISBN 978-7-03-061576-3

Ⅰ.①大… Ⅱ.①孙… ②崔… ③罗… Ⅲ.①液化天然气-储罐-防震设计—研究 Ⅳ.①TE972

中国版本图书馆 CIP 数据核字（2019）第 113712 号

责任编辑：任加林 宫晓梅 / 责任校对：王万红
责任印制：吕春珉 / 封面设计：耕者设计工作室

科学出版社 出版
北京东黄城根北街 16 号
邮政编码：100717
http://www.sciencep.com
三河市骏杰印刷有限公司 印刷
科学出版社发行 各地新华书店经销
*
2019 年 6 月第 一 版 开本：B5（720×1000）
2019 年 6 月第一次印刷 印张：15 1/4
字数：307 000

定价：118.00 元
（如有印装质量问题，我社负责调换〈骏杰〉）
销售部电话 010-62136230 编辑部电话 010-62137026

前　　言

　　作为全球三大能源（石油、天然气、煤炭）之一的天然气，在储量上具有比石油更大的优势，在燃烧效率、环保方面优于煤炭。随着经济的快速发展及对环保的要求，天然气作为清洁能源，国内产量及进口量将进一步增大，而相应的天然气液化、储运、气化设施将有巨大的需求缺口。

　　保存液化天然气（liquefied natural gas，LNG）的重要设施是 LNG 储罐，其主要结构类型有单容罐、双容罐、全容罐和薄膜罐等。进入 21 世纪以来，特别是近几年，单容罐、双容罐数量略有增长，但全容罐的数量得到了飞速增长，成为储罐数量的主要增长点。全容罐由一个主容器和一个次容器组成，此二者共同构成一个完整的储罐。主容器是储存液体的自支撑式钢质单壁罐；次容器是一个具有穹顶的自支撑式钢质或混凝土储罐。主容器和次容器之间的环形空间不应大于2.0m。由于用于存储易燃、易爆的 LNG 介质，抵御突发性地震等自然灾害的能力是该设施的重要设计指标，特别是防止次生灾害造成的火灾和环境污染，给人类的生存和生态环境造成严重的影响，给生产和国民经济造成严重损失。鉴于理论认知水平不同，各国规范存在差异，立式储罐动效应复杂，且传统抗震设计方法又是以既定的设防烈度作为设计依据去设计抵抗这些效应的结构形式、截面厚度及相应的构造措施，当发生突发性的超过设访烈度的地震时，储罐结构可能会被破坏。因此，寻找一种既安全（在突发性的超过设防烈度的地震中不破坏、不倒塌），又适用（适用于不同烈度，满足抗震要求，满足抗风要求），且经济（不过多增加造价）的新的储罐抗震结构体系和技术理论，已成为储罐抗震设计研究的前沿课题。

　　隔震是一项新的抗震技术和理论，是科学界多年在土木工程领域抗震研究的新成果。它已在土木工程领域得到了广泛的应用，并已通过地震的实际检验，是一项利于建（构）筑物减少地震响应的工程措施，其研究和应用已得到广泛认可。由于其严密的科学理论、优良的振动控制效果，引起了国内外不同领域科技工作者的广泛兴趣。综合当前国内外学者对于 LNG 储罐的减震研究，仍然存在以下问题需要深入研究：①LNG 储罐中储藏着大量低温液体，罐体结构复杂，罐壁与罐底由多层壁组成，其罐体顶部则由穹顶和吊顶组成，因此其地震响应相当复杂。基础隔震基本理论应该考虑内外罐体、罐液耦合、减震控制系统及土与结构相互作用等方面的问题以及简化力学模型的提取。②工程设计实际需要的 LNG 储罐隔震设计规范算法及造价低廉而且有效的 LNG 储罐隔震装置问题有待深入研究。

③LNG 储罐基础隔震基本理论、有限元数值仿真分析以及地震振动台试验研究的相互验证的问题还有待深入研究。

　　本书基于抗震减震思想，给出大型 LNG 储罐抗震与隔震的基本理论、分析设计方法及试验研究结论。本书共分为六章，第一章 LNG 储罐结构体系与抗震安全，介绍 LNG 储罐的基本结构形式及抗震、隔震原理和设计准则。第二章 LNG 储罐抗震设计理论和方法，建立水平地震作用下 LNG 刚性地基储罐、土与储罐相互作用，以及桩土 LNG 储罐相互作用的简化力学模型和运动控制方程，采用时程分析法计算各类储罐的地震响应；给出 LNG 储罐抗震反应谱设计方法。第三章 LNG 储罐隔震设计理论和方法，建立水平地震作用下 LNG 刚性地基储罐、土与储罐相互作用，以及桩土 LNG 储罐相互作用的隔震简化力学模型和运动控制方程，采用时程分析法计算各类储罐的地震响应并分析场地类别、隔震层参数对隔震效果的影响；基于反应谱理论，给出简化的隔震 LNG 储罐反应谱设计方法，并与时程分析算例进行对比验证反应谱理论的可行性。第四章 $16 \times 10^4 m^3$ LNG 全容罐抗震数值仿真分析，采用数值仿真分析法进行刚性地基储罐、考虑土与储罐相互作用和考虑桩土相互作用储罐的地震响应。第五章 $16 \times 10^4 m^3$ LNG 全容罐隔震数值仿真分析，对于刚性地基储罐和桩土 LNG 储罐，进行参数影响分析，对比刚性地基储罐和桩土 LNG 储罐的数值仿真解与简化力学模型解。第六章储罐振动台试验，介绍模型试验研究的理论依据，测试方案和工况，进行了振动台试验和试验分析。

　　本书的研究内容得到国家自然科学基金项目（项目编号：51078063；51278089；51478090）、中国石油科技创新基金项目（项目编号：2009D-5006-06-03），以及中国寰球工程公司中国石油集团公司科技专项（项目编号：H201104006）的资助。对此表示衷心感谢！同时对书中所引用的相关文献的作者表示感谢。

　　由于作者水平有限，本书难免有不足之处，还望读者批评指正。

目　　录

第一章 LNG 储罐结构体系与抗震安全

本章介绍 LNG 储罐的基本结构形式及抗震、隔震原理和设计准则，通过储罐的震害实例系统分析地震作用下引发储罐灾害的可能性，并提出隔震措施的可行性和必要性。

1.1 LNG 储罐结构体系[1]

LNG 储罐结构体系一般包括基础（根据不同工程地质条件及罐容荷载，设置桩基础、承台、环梁或基础底板）、围堰（单容罐使用）、内罐、外罐和绝热层。内罐指主液体容器（主容器），在正常操作条件下可用于储存 LNG 液体；外罐指次液体容器（次容器、外部容器）。随着 LNG 存储技术的突破和 LNG 的大量开采使用，储罐罐容逐年增大，LNG 储罐的结构类型越来越丰富，LNG 储罐结构类型如表 1.1 所示（EN 14620-1:2006）[1]。

表 1.1 LNG 储罐结构类型

位置划分	类型	相关描述
地下罐	薄膜罐 MC	钢薄膜+RC 外罐
地上罐	薄膜罐 MC	钢薄膜+RC 外罐
	单容罐 SC	钢质罐
	双容罐 DC	碳钢外壳+RC 顶
		预应力混凝土外壳+RC 顶
	全容罐 FC	碳钢外壳+RC 顶
		预应力混凝土外壳+RC 顶
		预应力混凝土外壳+金属顶

（1）单容罐（图 1.1）。仅由单一的钢质圆筒形容器组成的储液容器，是钢质自支撑式圆筒形储罐。性质与其他的储存石油产品或水的钢储罐相似。单容罐的周围分别筑有黏土质或混凝土围堰，用以在容器泄漏时容纳溢出的液体。当储罐具有钢质穹顶时，蒸发气储存在穹顶内；当钢储罐顶部开敞呈杯形时，上部具有气密金属外罐封盖，主容器顶内部用于储存蒸发气、设置支撑以保护顶部绝热材料。

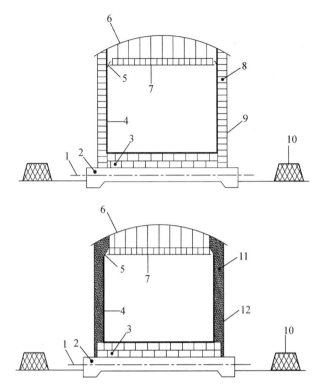

编号	构件	编号	构件	编号	构件
1	基础加热系统	5	柔性绝热密封材料	9	外部水汽隔膜层
2	混凝土基础	6	钢质穹顶	10	围堰
3	罐底绝热层	7	隔热吊顶	11	充填的松散绝热层
4	钢质主容器	8	罐壁外侧绝热层	12	外钢壳（不能存放液体）

图 1.1 单容罐

（2）双容罐（图 1.2）。由一个具有液密性和气密性的主容器及具有液密性的次容器构成。主容器为建造在具有液密性的次容器内的单容罐。该次容器应按照在主容器泄漏的情况下，能装存主容器中的所有液体进行设计。主容器与次容器间存在的环形空间的环宽不得大于 6m。次容器顶部为开敞的，因此，无法阻止蒸发气逸出。主容器与次容器间存在的环形空间上部采用防雨罩遮盖，用来防止雨雪、粉尘等进入罐内。

（3）全容罐（图 1.3）。由一个主容器及一个次容器组成。主容器为储存 LNG 的自支撑式钢板焊制单壁罐。次容器为一个有穹顶的自支撑式钢质或钢筋混凝土储罐，其设计理念为：将正常与异常两种工况结合起来。在正常操作条件下，次容器为储罐内蒸发气的主要存储容器（此状况适用于主容器顶部开口的情况），并作为主容器绝热层的支撑构件；当出现异常时，即主容器出现泄漏等情况，次容器能够装存泄漏的全部液体，并保证结构气密性。次容器可以进行适量排气，但要通过启动卸压系统对其进行控制。主容器与次容器间的环形空间的环宽不得大于 2m。

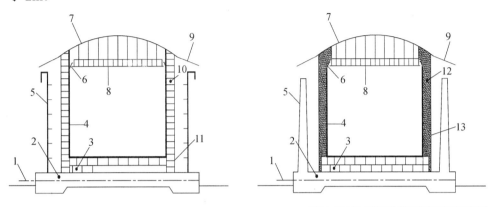

编号	构件	编号	构件	编号	构件
1	基础加热系统	6	柔性绝热密封材料	11	外部水汽隔膜层
2	混凝土基础	7	钢质穹顶	12	充填的松散绝热层
3	罐底绝热层	8	隔热吊顶	13	外钢壳（不能存放液体）
4	钢质主容器	9	防雨罩		
5	钢质或钢筋混凝土次容器	10	罐壁外侧绝热层		

图 1.2　双容罐

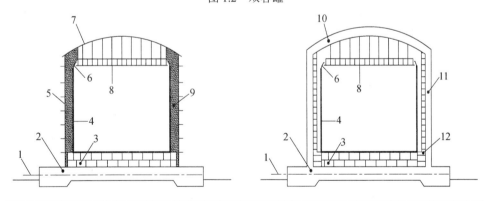

编号	构件	编号	构件	编号	构件
1	基础加热系统	5	钢质次容器	9	充填的松散绝热层
2	混凝土基础	6	柔性绝热密封材料	10	钢筋混凝土穹顶
3	罐底绝热层	7	钢质穹顶	11	钢筋混凝土外罐壁（次容器）
4	钢质主容器	8	隔热吊顶	12	钢筋混凝土外罐内侧绝热层

图 1.3　全容罐

（4）薄膜罐（图 1.4）。由一个较薄钢质主容器（薄膜）、绝热层以及一个混凝土次容器共同组成。作用于薄膜上的全部静液压力荷载以及其他荷载均要通过承载绝热层传导至混凝土外罐。蒸发气储存于储罐顶部。储罐顶部可以由类似复合结构构成，也可以由气密性穹顶和吊顶上绝热材料共同构成。混凝土次容器及配套绝热系统应按当储液泄漏时，薄膜可以储存泄漏液体的状况进行设计。

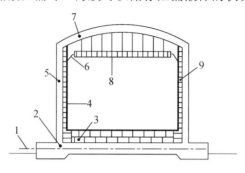

编号	构件	编号	构件	编号	构件
1	基础加热系统	4	钢质主容器（薄膜）	7	混凝土穹顶
2	混凝土基础	5	混凝土次容器	8	绝热吊顶
3	罐底绝热层	6	柔性绝热密封材料	9	混凝土外罐内侧绝热层

图 1.4　薄膜罐

全球已建各种 LNG 储罐类型比例分配如图 1.5 所示。LNG 储罐类型的发展大致经历了如下 4 个阶段（图 1.6）：①从 20 世纪 60 年代到 70 年代末，为初期阶段，单容罐、双容罐和地下薄膜罐都有应用，但单容罐占据了绝大部分；②从 20 世纪 70 年代末到 80 年代中后期，有 10 座 LNG 接收站投入营运，LNG 储罐数量迅速增加，地下薄膜罐占比大幅度提高，地上薄膜罐也开始应用在 LNG 接收终端中，但在这个阶段，单容罐依然占据着统治地位；③从 20 世纪 80 年代中后期开始，单容罐进入缓慢发展阶段，地上薄膜罐、双容罐和地下薄膜罐数量略有增加，全容罐开始在 LNG 接收终端中投入使用；④进入 21 世纪以来，特别是近几年，单容罐、双容罐略有增长，但全容罐的数量得到了飞速增长，成为储罐数量的主要增长点（图 1.7）。地上薄膜罐在近 20 年都没有在接收终端有进一步的应用。

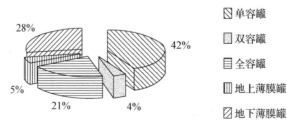

图 1.5　已建 LNG 储罐结构类型比例

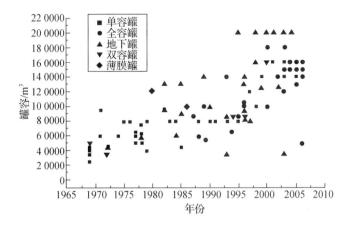

图 1.6　各种储罐类型、罐容的发展过程

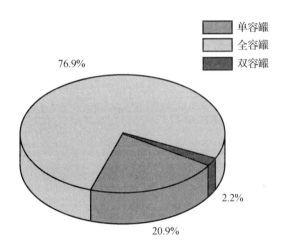

图 1.7　近几年国内外 LNG 储罐的情况

自 2006 年我国第一座 LNG 接收站——广东大鹏 LNG 项目建成以来,目前国内已建、在建和在规划中的 LNG 项目(全容罐为主)如下:江苏洋口港 LNG 项目(如东县)、广东大鹏 LNG 项目(深圳大鹏镇)、福建 LNG 项目、上海 LNG 项目、新疆 LNG 项目、重庆 LNG 项目、珠海 LNG 项目、浙江宁波 LNG 项目、深圳 LNG 项目、海南 LNG 项目、粤东 LNG 项目、粤西 LNG 项目、江苏南通 LNG 项目、大连 LNG 项目、唐山 LNG 项目、山东 LNG 项目、甘肃敦煌 LNG 项目、内蒙古达拉特旗 LNG 项目、内蒙古磴口 LNG 项目、内蒙古鄂托克前旗 LNG 项目、内蒙古乌审旗 LNG 项目、陕西安塞 LNG 项目。

可以预见,未来全国将建成一个全面的 LNG 接收站与输送管网,这会为国家的能源储备和供应做出重要贡献。

1.2　LNG 储罐抗震准则

我国现行《建筑抗震设计规范（2016 年版）》（GB 50011—2010）[2]（以下简称《规范》）规定的抗震原则简称"三水准两阶段"原则，即基本的抗震设防目标是：当遭受低于本地区抗震设防烈度的多遇地震影响时，主体结构不受损坏或不需修理可继续使用；当遭受相当于本地区抗震设防烈度的设防地震影响时，可能发生损坏，但经一般性修理仍可继续使用；当遭受高于本地区抗震设防烈度的罕遇地震影响时，不致倒塌或发生危及生命的严重破坏。简言之，即"小震不坏、中震可修、大震不倒"。

50 年内超越概率约为 63%的地震烈度为对应于统计"众值"的烈度，比基本烈度约低一度半，《规范》取为第一水准烈度，称为"多遇地震"；50 年超越概率约 10%的地震烈度，即《中国地震烈度区划图（1990）》规定的"地震基本烈度"或《中国地震动参数区划图》（GB 18306—2015）规定的峰值加速度所对应的烈度，《规范》取为第二水准烈度，称为"设防地震"；50 年超越概率 2%～3%的地震烈度，《规范》取为第三水准烈度，称为"罕遇地震"。

三水准设防目标是通过两阶段设计实现的。第一阶段设计是承载力验算，取第一水准的地震动参数计算结构的弹性地震作用标准值和相应的地震作用效应，采用《建筑结构可靠性设计统一标准》（GB 50068—2018）[3]规定的分项系数设计表达式进行结构构件的截面承载力抗震验算，这样，既满足了第一水准下要求的承载力可靠度，又实现了第二水准的损坏可修的目标。对大多数的结构而言，可只进行第一阶段设计，通过概念设计和抗震构造措施来满足第三水准的设计要求。第二阶段设计是弹塑性变形验算，对地震时易倒塌的结构、有明显薄弱层的不规则结构及有专门要求的建筑，除进行第一阶段设计外，还要进行结构薄弱部位的弹塑性层间变形验算并采取相应抗震构造措施，达到第三水准设防要求。

欧洲标准《现场组装立式圆筒平底钢质液化天然气储罐的设计与建造》（EN14620：2006）将 LNG 储罐抗震设计按操作基准地震（operating basis earthquake，OBE）和安全停运地震（safe shutdown earthquake，SSE）两种状态进行设计。这是基于美国 NFPA 59A 规范（2001 版）[4]定义的两种工况水平。

NFPA 59A 规范（2001 版）[4]指出，在 OBE 工况下，装置必须正常运行，而 SSE 工况下装置不必正常运行，但必须保证安全。厂区不同组成部分将具有不同的效能要求。厂区不同组成部分由美国联邦运输部法规 49 CFR193 根据不同效能要求分成三类，表述详见下述的三个类型。49 CFR193 中 B 部分（也包括在 NBSIR 84-2833 中）提供了在每个类型下更详细的组成设备清单。在以下描述中，术语"运营功能完整"指结构和构件能继续发挥设计要求的功能。作为对照，"结构和功能完整"不意味结构和构件在微破坏下能继续运行，而仅仅意味结构或构件在某种灾难性失效（如结构完整性失效）下没有垮塌，它仅意味其安全功能（即功能完整）。

（1）类型 I。类型 I 适用于对厂区安全运行至关重要的设施（如储罐、防火保护系统、关机系统等）。它们的设计应当满足以下要求：在不可减弱的弹性状态下进行受力计算（即不允许按塑性设计）；工作状态下许用应力不得超过 OBE 工况（即必须在 OBE 工况下保持运营功能的完整性）；最大强度值不得超过 SSE 工况（即在 SSE 工况下必须保持结构和功能的完整性）。

（2）类型 II。类型 II 适用于类型 I 以外的、需维持装置连续安全运行的设施（如控制楼、发电系统、LNG 卸载与转送系统等），它们的设计应当满足以下要求：在不可减少的弹性状态下进行受力计算（即不允许按塑性设计，除非在业主同意下可进行小幅塑性设计）；最大强度值不得超过 OBE 工况（在 OBE 工况下必须保持运营功能的完整性）。

（3）在 SSE 工况下只要伴随位移不对结构和功能完整性产生冲击，类型 I 结构的基础就可按类型 II 的要求设计。

类型 III。类型 III 适用于在安全关闭状态下不需要运营、关闭或维护的一般建筑及构筑物（如办公管理楼）。它们应按适当的规范要求进行设计。NFPA 59A 规范（2001 年版）[4]表明：罕遇地震 MCE 定义为具有 2475 年重现期的地震（即 50 年超越期概率为 2%的地震）。OBE 灾害水平定义为 475 年重现期地震的加速度、罕遇地震（MCE）加速度的 2/3 两者的最小值。SSE 灾害水平定义为 OBE 灾害加速度水平的 2 倍、5000 年重现期地震灾害加速度两者的最小值。

1.3　LNG 储罐设计简介

LNG 储罐设计包括许多方面。现以全容罐为例简单介绍 LNG 储罐设计一般步骤。

（1）进行选址等前期设计。应避免在地质灾害（如滑坡、崩塌等）地带进行建设；尽量远离人口聚集区。收集场地自然环境资料（如当地降雨降雪情况、风向风速、历史洪水资料、年度气温资料）。

（2）进行专门的场地地震危险分析。根据区域地质构造、地震地质环境、地震活动历史记录，使用概率方法进行地面运动的计算。需要震源模式的确定、指定区域地面运动衰减方程的选择、了解场地基础下土壤特征。需要进行地震危险概率分析，建立震源模型，确立地震重现模式和参量衰减方程，按 OBE 和 SSE 工况，参照 NFPA 59A 规范（2001 版）[4]，确定 5%阻尼比水平方向地震设计谱、其他阻尼比下水平方向地震设计谱和竖向设计谱。

（3）设计应按相关的标准规范进行。它们包括以下一些国内、国外规范。

① 欧洲标准 EN14620，现场设计建设与制造，立式圆柱平底钢储罐，用于储存冷冻气体、液化气，运营温度-165～0℃。

② 英国标准 BS7777 第 2 部分，用于低温储存的立式圆柱平底储罐。

③ 英国标准 BS2654 附录 G，石油工业立式焊接常温钢储罐，板壳对焊。

④ 美国石油标准 API620 第 11 版附录 1，美国石油学会，大型焊接低压储罐的设计与制造。

⑤ 美国石油标准 API620[5]附录 L，美国石油学会，储罐的抗震设计。

⑥ 欧洲标准 EN1998-4[6]，欧洲标准 8，抗震结构的设计，第 4 部分：筒仓、储罐与管道。

⑦ 欧洲标准 EN10028-4[7]，受压钢板产品，第四部分：具有耐低温特性的镍合金钢。

⑧ 欧洲标准 EN10025-2[8]，结构钢热轧产品，第二部分：非合金结构钢交付技术条件。

⑨ 美国材料实验协会标准 ASTM A240，压力容器用耐热铬及镍铬不锈钢板、钢片及钢带专门标准。

⑩ 《立式圆筒形钢制焊接油罐设计规范》（GB 50341—2014）[9]。

⑪ 《建筑抗震设计规范（2016 年版）》（GB 50011—2010）[2]。

⑫ 《钢制常压立式圆筒形储罐抗震鉴定标准》（SH/T 3026—2005）[10]。

⑬ 《混凝土结构设计规范（2015 年版）》（GB 50010—2010）[11]。

⑭ 《建筑桩基技术规范》（JGJ 94—2008）[12]。

⑮ 《建筑地基基础设计规范》（GB 50007—2011）[13]。

⑯ 《钢结构设计标准》（GB 50017—2017）[14]。

⑰ 《建筑结构荷载规范》（GB 50009—2012）[15]。

⑱ 其他现行国际、国内标准规范规程。

（4）材料选择。

用作内外钢储罐的钢板材料可分为以下几种。

① Ⅰ型钢材：低温碳锰钢。

② Ⅱ型钢材：特种低温碳锰钢。

③ Ⅲ型钢材：低镍钢。

④ Ⅳ型钢材：改良的9%镍钢。

⑤ Ⅴ型钢材：奥氏体不锈钢。

一般地，采用Ⅳ型钢材 X7Ni9。Ⅳ型钢材为改良的 9%镍钢，应规定其能承受低温达到-165℃条件下的压力。最大罐壁板厚度应为 50mm。

预应力混凝土，混凝土标号至少应为 C40；宜采用较低水灰配比。要确保所使用的多种混凝土添加剂不会产生不良影响。预应力钢筋中的预拉应力为钢筋屈服强度的 80%左右。要评估确定钢材在环境温度下的预应力损失及数值。

绝热材料可根据实际情况采用泡沫玻璃、膨胀珍珠岩、玻璃棉毡、酚醛泡沫塑料、膨胀聚苯乙烯、挤压聚苯乙烯等。

对于全容罐，储罐系统设计包括主容器设计、次容器设计、吊顶棚设计、基础设计、隔热层设计、管路系统设计，以及配套给排水消防系统、加热冷却系统、电力系统、自动控制系统等设计。

1.4　地震灾害中 LNG 储罐易破坏部位

LNG 储运设施在全国各地大范围建设。LNG 接收站一般由 2～3 个 $16\times10^4\mathrm{m}^3$ LNG 储罐构成。

我国是多地震的国家。建设 LNG 项目的地区都会面临地震灾害的严峻挑战。

LNG 储罐是一种大容积圆柱形储罐，用于存放各种液体，包括液化天然气、石油产品以及水等。从以往记录看这些储罐在地震中具有某些弱点。由于 LNG 设施一旦在地震中受到破坏，会对周围居民造成灾难性后果，这些设施的设计必须把地震破坏降低到一种可接受的程度。

与其他石油产品储罐以及水储罐等相比，LNG 储罐出现较晚，且相对设计安全裕度较高，因此历史上出现的震害较少。以下简单介绍一些储罐震害的实例。

（1）1964 年，美国阿拉斯加地震，引起海啸、地陷及地基液化，导致大量原油储罐破坏，引起严重的储液泄漏、火灾等次生灾害。其中一座储罐受倾覆力，造成了罐底提离 18in（1in=2.54cm）。

（2）1964 年，日本新潟地震，震级 7.5 级。地震中储罐底出现的象足屈曲及罐顶破坏如图 1.8 所示。

图 1.8　日本新潟地震中储罐的罐底象足屈曲及罐顶破坏

（3）1971 年，美国圣·费尔南多地震，震级 6.6 级。此次地震造成大量储罐不同程度破坏，某一立式储罐底出现约 12in 的象足屈曲。由于储罐破坏，有 18 种易燃易爆危险物质发生泄漏，导致 6 场火灾。一个直径 100ft（1ft=0.3048m）、高 30ft 的储罐底提离了 14in。

（4）1978 年，日本仙台地震，震级 5 级。在这次地震中，由于储罐破坏，储液泄漏造成大量淡水污染。

（5）1983 年，美国科林加地震，震级 6.7 级。在这次地震中，石油钻井区及炼油厂区的几处储罐及管道系统发生了不同程度的破坏。

（6）1985 年，智利地震，震级 9.5 级，大量的储罐遭到破坏。

（7）1987 年，美国 Whittier Narrow 地震，震级 5.9 级，储罐破坏多发生在产生巨大相对侧向位移的金属腐蚀点及锚固点。

（8）1989 年，美国 Loma Prieta 地震，震级 6.9 级，致使很多储罐遭到破坏。

（9）1991 年，哥斯达黎加地震，震级 6.9 级。储罐的破坏导致炼油厂损失惨重，其储罐的倾覆如图 1.9 所示。

图 1.9　哥斯达黎加地震中储罐的倾覆

（10）1992 年，美国 Landers/Big Bear 地震。两次地震震级分别为 7.5 级和 6.6 级。至少 6 座储水罐被破坏。破坏包括底部出现的象足屈曲、罐壁和罐顶的破坏，破坏照片如图 1.10 所示。

（11）1995 年，日本神户地震，震级 6.9 级。地震造成多座无锚固储罐提离破坏。一座 LNG 储罐壁开裂，导致 8 万人被疏散。另有高径比大于 2 的储罐产生了菱形屈曲破坏。

值得特别关注的是，1995 年神户地震中，日本 Osaka Gas 公司给 LNG 储罐安装了监测仪器。19 个加速度计分布于罐与基础中，18 个高灵敏应变计和 4 个地压位移伺服元件位于桩上，4 个长周期位移计位于外罐的顶部及基础底板上。其中一座储罐位于距断层面大约 26km 处。大量的数据被记录下来，得出以下结论：

地震响应周期因地面的非线性反应而加长；输入周期的延长导致了反应放大因子比日本石油协会所提供的设计放大值"2"要低些；基础底板的加速度值比地面加速度小；内罐的放大系数比日本石油协会提供的基于修正地震系数的放大系数要小。

图1.10　1992年美国Landers/Big Bear地震中储罐的破坏

与断层相距较远的7座发电站损坏较小，距震中50km的Himeji的LNG接收站产生了大约0.2g的PGA（峰值加速度）。Senboku LNG接收站距最大烈度区30km，主要的设备没有损坏，工厂在震后继续运营（虽然厂区存在土壤液化，但土壤并没有因液化而使承载力降低或提高）。

依据包括以上实例为代表的大量的历史震害分析总结，LNG储罐在地震灾害中可能损坏的部位有以下几种。

（1）内罐壁损坏。包括象足屈曲、菱形失稳、罐壁上部屈曲。

（2）内罐顶损坏。主要由液面晃动过大引起。

（3）内罐底板、底角焊缝和锚固件损坏。

（4）管嘴等附属物的损坏。

（5）地基破坏。包括地基液化引起过大沉降、不均匀沉降等。

（6）混凝土外罐的损坏。如出现裂缝等。

由于LNG储罐设计产生的潜在破坏机制，其设计性能应考虑储液和内罐共同作用在内罐的惯性力、不均匀沉降、由滑移和倾覆引起的两层罐的相对运动、施加于外罐的惯性力、内罐抵抗竖向加速度的能力等。其抗震设计按表1.2给出的破坏危险等级进行抗震设防，抗震设防目标工作状态下许用应力不得超过运行基准地震（operating basis earthquake，OBE）工况（必须在OBE工况下保持运营功能完整性），最大强度值不得超过安全停堆地震（safe shutdown earthquake，SSE）工况（必须在SSE工况下保持结构和功能的完整性）。应在不可减少的弹性状态下进行抗震设计受力计算。

表 1.2　LNG 储罐地震破坏危险等级

破坏危险等级	描述
无破坏	无破坏
轻微破坏	储罐破坏轻微，储液无流失，功能不减。由于储液的晃动罐顶轻微破坏，钢罐存在少量褶皱
中等破坏	储罐受中等程度破坏，储液少量流失，象足屈曲下钢储罐储液无流失或混凝土罐中等程度破坏，储液轻微流失
严重破坏	储罐严重破坏无法使用。象足屈曲下钢储罐储液流失，储罐杆件或混凝土罐剪力墙拉伸破坏
完全破坏	储罐垮塌，储液完全流失

1.5　LNG 储罐场地安全性评价

依据《中华人民共和国防震减灾法》规定，"受地震破坏后可能引发水灾、火灾、爆炸，或者剧毒、强腐蚀性、放射性物质大量泄漏，以及其他严重次生灾害的建设工程、万吨级以上港口工程（码头、泊位），必须进行地震安全性评价工作"。根据《工程场地地震安全性评价》（GB 17741—2005），地震安全性评价工作的主要工作内容包括区域及近场区地震活动性评价、区域及近场区地震构造评价、工程场地断层探查、地震危险性概率分析、场地地震工程地质条件勘测、场地地震动参数确定、场地地震地质灾害评价等，最终得出工程场地地震安全性评价结果，其抗震设计必须依据结果进行设计。场地地震安全性评价工作主要依据下列法律、法规及规范。

（1）《中华人民共和国防震减灾法》。

（2）地方相关法律法规。

（3）《地震安全性评价管理条例》。

（4）《浙江省地震安全性评价管理办法》。

（5）《建设工程抗震设防要求管理规定》。

（6）《工程场地地震安全性评价》（GB 17741—2005）。

（7）《建筑抗震设计规范（2016 年版）》（GB 50011—2010）。

（8）《中国地震动参数区划图》（GB 18306—2015）。

（9）《中国地震烈度表》（GB/T 17742—2008）。

（10）《岩土工程勘察规范（2009 版）》（GB 50021—2001）。

（11）《地基动力特性测试规范》（GB/T 50269—2015）

（12）《软土地区岩土工程勘察规程》（JGJ 83—2011）。

（13）《石油化工构筑物抗震设计规范》（SH 3147—2014）。

（14）《石油化工钢制设备抗震设计规范》（GB/T 50761—2018）。

（15）《液化天然气码头设计规范》（JTS165-5—2016）。

（16）《水运工程抗震设计规范》（JTS146—2012）。

（17）《浅层地震勘查技术规范》（DZ/T 0170—1997）。

（18）《中国地震活动断层探测技术系统技术规程》（JSGC—04）。

1. 地震活动性评价

（1）区域地震活动性。在编制研究区域历次地震和现今地震目录和震中分布图的基础上，分析地震活动空间分布和时间分布的非均匀性特征，估计未来地震活动水平，计算地震活动性参数，区域地壳应力场特征。

（2）近场区地震活动性。研究近场区地震活动时空分布特征及其与构造活动的关系，充分应用历史地震资料，分析远场区和近场区所发生过的破坏性地震对场区的影响。

2. 地震构造评价

（1）区域地震构造评价。利用现有资料，对研究区内的主要断裂进行重点调查，编制地震构造图。综合深部地球物理场资料，研究构造活动特征，对区域地震构造进行综合分析。

（2）近场区地震构造评价。对近场区内主要断裂进行野外踏勘，并做详细的断层活动性鉴定，编制近场地震构造图。主要通过采集断层泥测试样品，做热释光测年，定量鉴定断层最新一期活动年代，对近场的断层活动性进行综合评价。

（3）工程场地断层探查。确定工程场地是否有断层通过并研究存在断层的活动特征是本项工作的重要内容。

3. 地震危险性概率分析

以地震带为基础，确定地震活动统计单元并划分潜在震源区；确定各地震带和各潜在震源区的一系列地震活动性参数；采用椭圆衰减模型建立适于本区域的地震动衰减关系；采用中国地震局推荐的"地震危险性分析计算程序包"，计算出工程场地不同年限不同超越概率的基岩水平峰值加速度与基岩场地反应谱。

4. 场地地震工程地质条件勘测

调查分析、测定场地工程地震条件，为建立场地地震反应分析计算模型及进行场地地震地质灾害评价提供基础资料。

5. 场地地震动参数的确定

在地震危险性概率分析基础上，合成基岩地震动加速度时程。根据场地工程钻探及测试所提供的土层动力特性资料，采用一维等效线性化波动模型计算土层地震动反应。计算不同超越概率水准下土层反应后地表水平峰值加速度和地表地震动加速度反应谱。由不同随机反应的地表地震动水平峰值加速度的均值得到工程场地地表地震动水平峰值加速度。

6. 场地地震地质灾害评价

根据上述资料及地震危险性概率分析结果，并依据有关规范判定地震时是否会对场地产生砂土液化、软土震陷以及其他地震地质灾害。

7. 场地地震安全性评价结果

综合以上各部分工作成果，给出工程场地地震安全性评价结果。

1.6　LNG 储罐隔震

大型 LNG 储罐圆柱钢制内罐由于存储易燃、易爆 LNG 介质，且体积大、壁薄、液固耦合、动响应复杂，其减震设计研究在 LNG 储罐设计中显得尤为重要。如果所建大型 LNG 储库系统地区发生高烈度地震，若减震设计不好，其后果是十分严重的，易造成次生灾害，如火灾和环境污染，给人类的生存和生态环境造成严重的影响，给生产和国民经济造成严重损失。特大型 LNG 储罐减震问题，主要需解决储罐在地震作用下的液固耦合、结构间相互作用、振动控制系统及土与结构相互作用等问题。这些研究可以对我国 LNG 储罐建设的国产化提供有意义的理论基础和技术设计支持，积累自主知识产权，为规划新建 LNG 储罐项目提供参考。

由于大型 LNG 储罐圆柱钢制内罐的抗震设计与大型立式圆筒形钢制储罐的抗震设计相似，其震害和抗震性能的表征相同。关于大型立式圆筒形钢制储罐的抗震研究始于 20 世纪 30 年代，早期的工作研究涉及储罐的震害、运动情况、罐壁动水压力、液面晃动、液体和储罐间的耦合振动、土壤和罐的动力相互作用、摆动与提离及动屈曲问题等，其研究成果已应用于各国规范之中，但是仍有储罐在大地震中遭到破坏。

由以上储罐震害可知，立式储罐容积大、壁薄，其地震响应主要涉及罐壁应力、提离、罐壁的失稳等，传统方式储罐的抗震设计国内外学者都已进行了大量的理论和实验研究，取得了一些重要的成果，并应用于工程实践，但是地震灾害表明，有些成果的结论仍然与实际震害有很大的差距，这是因为所建立的理论分析模型及实验仍未包含实际地震影响储罐动响应的全部因素。为此，国内外学者引申土木工程结构控制的思想，针对立式储罐容积大、壁薄、液固耦合的特点，重点开展了立式储罐基础隔震基本理论、分析方法、试验研究及工程应用，但对具有双层结构体系的大型全容式 LNG 储罐减震研究较少。因此，研究承台桩基及隔震基础下 LNG 储罐，在水平地震激励下的隔震设计所涉及的 LNG 储罐的动特性、动响应分析理论和数值仿真分析方法，建立基底剪力、倾覆力矩、晃动波高等基本理论表达，构建减震控制体系，为大型 LNG 储罐减震设计提供理论和技术支撑，会有效解决能源供应安全、生态环境保护的双重问题，可为实现经济和社会的可持续发展发挥重要作用。

　　对于大型 LNG 储罐而言，当将基础设计为隔震形式且忽略摆动效应时，其结构的振动形式仍可分为三种形式，即随隔震层一起运动外罐的刚性质量和内罐刚性脉冲质量、内罐的液固耦联振动的耦合振动质量、液体晃动的长周期运动质量。由未隔震的地震响应分析表明，上部结构地震响应产生的基底剪力或倾覆力矩的主要贡献是由耦合振动质量和刚性脉冲质量产生的，液体晃动的长周期运动质量参与的成分很小，这也是有些国家的规范在分析设计时将液体晃动的长周期质量和刚性脉冲质量分开的主要原因，传统的大型 LNG 储罐将晃动质量作为波高设计的主要依据，而脉冲质量作为基底剪力或基底弯矩的地震响应的设计依据。分析表明，液体晃动是长周期的运动，而脉冲运动是短周期运动。当基础采用柔性隔震器后，由于隔震层顶部的运动加速度降低，因此随隔震层做刚性运动的质量所产生的惯性就会降低，同时，液固耦合运动受隔震器的影响，其振动周期下降，振动的加速度降低也会使该质量产生的惯性力降低。而液体晃动的长周期运动质量本身就是长周期运动，而且振动周期远远大于隔震器的振动周期，因此隔震周期对其振动不会产生太大的影响，这也是有隔震基础的 LNG 储罐基底剪力会大大降低，而内罐晃动波高却影响不大的原因。

　　基础隔震就是在基础顶面和上部结构之间安装一层具有足够可靠性的隔震层，将基础和上部结构隔离开来，有效控制地面运动向上部结构的传递。由于隔震系统的水平刚度远远低于上部结构的抗侧刚度，可大大延长结构的自振周期，避开地震的卓越周期，使结构的变形和地震能量主要集中消耗在隔震层，让上部结构承担的变形非常小。

　　目前，实际工程中一般使用滑动摩擦摆（图 1.11）与铅芯叠层橡胶（图 1.12）两种隔震装置。

图 1.11　LNG 储罐三层滑动摩擦摆式基础隔震系统

图 1.12 LNG 储罐铅芯叠层橡胶支座隔震

1.7 隔震的基本原理

图 1.13 给出结构自振周期和阻尼变化对结构的加速度反应谱和位移反应谱的影响。一般刚性大结构周期短，因此进入结构的加速度大，而位移反应小，如图 1.13 中 A 点所示。延长结构周期，而保持阻尼不变，则加速度反应被大大降低，但位移反应却有所增加，如图 1.13 中 B 点所示。要是再加大结构的阻尼，加速度反应继续减弱，位移反应得到明显控制，这就是图 1.13 中的 C 点[16]。

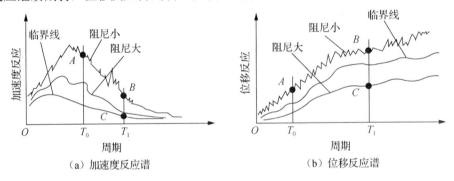

（a）加速度反应谱　　　　　　　　　　（b）位移反应谱

图 1.13 减弱结构地震反应的途径

延长结构周期、给予适当阻尼使结构的加速度反应大大减弱。同时，让结构的大位移主要由结构底部与地基之间的隔震系统提供，而不是由结构自身的相对位移承担。这样一来，结构在地震过程中发生的变形非常小，甚至像刚体那样做轻微平动，从而为结构的地震防护提供更加良好的安全保障。这就是结构基础隔震的基本原理。

1.7.1 结构隔震体系的减震机理

1. 结构隔震动力分析模型

对于隔震结构，其上部结构的层间刚度远远大于隔震层的水平刚度，地震时上部结构的层间水平位移很小，结构体系的水平位移集中于隔震层。上部结构在地震中只做水平整体平动[图 1.14（a）]。某些情况下，结构可近似简化为一个单质点隔震结构模型[图 1.14（b）]。隔震层的刚度和阻尼也可近似代表隔震结构体系的刚度和阻尼。

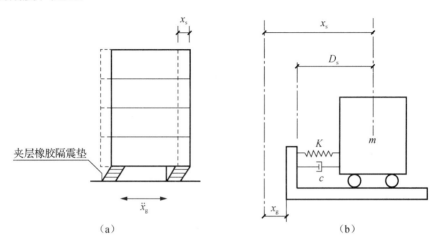

图 1.14　单质点隔震结构动力分析模型

设 $\ddot{x}_g, \dot{x}_g, x_g$ 分别为地面水平地震加速度、速度和位移；$\ddot{x}_s, \dot{x}_s, x_s$ 分别为上部结构水平加速度反应、速度反应和位移反应；D_s 为隔震层的水平位移；m 为上部结构的总质量；K, c 分别为隔震层的水平刚度和阻尼，该水平刚度和阻尼近似代表隔震结构的水平刚度和阻尼。

2. 隔震结构加速度反应分析

根据图 1.14，可以列出在地震动作用下的结构体系动力微分方程式：

$$m\ddot{x}_s + c\dot{x}_s + Kx_s = c\dot{x}_g + Kx_g \tag{1.1}$$

式（1.1）左右两边均除以 m，并定义隔震结构体系的固有频率 ω_n 和阻尼比 ζ：

$$\omega_n = \sqrt{\frac{K}{m}}$$

$$\zeta = \frac{c}{2m\omega_n}$$

则式（1.1）可表示为

$$\ddot{x}_s + 2\zeta\omega_n\dot{x}_s + \omega_n^2 x_s = 2\zeta\omega_n\dot{x}_g + \omega_n^2 x_g \tag{1.2}$$

为求得隔震结构体系的加速度反应 $\ddot{x}_s$，可采用转换函数的方法。设隔震结构体系的动力反应转换函数为 $H(\omega)$，地面的场地特征频率为 ω，并设地面地震加速度反应 $\ddot{x}_g = \mathrm{e}^{i\omega t}$，则隔震结构地震加速度反应 $\ddot{x}_s = H(\omega)\mathrm{e}^{i\omega t}$。

把 $\ddot{x}_g$ 及 $\ddot{x}_s$ 代入式（1.2），经过整理归纳，可以得到隔震结构体系的动力反应转换函数为

$$H(\omega) = \frac{\ddot{x}_s}{\ddot{x}_g} = \sqrt{\frac{1 + (2\zeta\omega/\omega_n)^2}{[1 - (\omega/\omega_n)^2]^2 + (2\zeta\omega/\omega_n)^2}} \tag{1.3}$$

该转换函数的物理意义为：地震时隔震结构的地震加速度反应与地面地震加速度之比，它表述的是隔震结构对地面地震反应的衰减效果。

现定义 R_a 为隔震结构加速度反应衰减比，即地震时隔震结构加速度反应与地面加速度之比。则 R_a 为

$$R_a = \frac{\ddot{x}_s}{\ddot{x}_g} = \sqrt{\frac{1 + (2\zeta\omega/\omega_n)^2}{[1 - (\omega/\omega_n)^2]^2 + (2\zeta\omega/\omega_n)^2}} \tag{1.4}$$

式（1.4）是设计计算和控制隔震结构的隔震效果的重要基本公式。若建筑结构物所在的场地特征频率 ω 为已知，则可合理选取隔震装置（其固有频率 ω_n 和阻尼比 ζ），从而求得隔震结构加速度反应衰减比 R_a，以确保地震中结构及结构内部的装修、设备、仪器等的安全。

将式（1.3）或式（1.4）的等式两边开方后整理归纳，又可得到隔震结构体系的阻尼比 ζ 的计算公式：

$$\zeta = \frac{1}{2(\omega/\omega_n)}\sqrt{\frac{1 - R_a^2[1 - (\omega/\omega_n)^2]^2}{R_a^2 - 1}} \tag{1.5}$$

式（1.5）表示的 ζ 代表隔震结构体系要求的阻尼比。由于上部结构在地震中的层间变位很小，基本上处于弹性状态，其结构的阻尼值很小，此阻尼比 ζ 可近似地视为隔震层的阻尼比。当隔震结构体系要求的加速度反应衰减比 R_a 为已知，场地特征频率 ω 与隔震装置的固有频率 ω_n 之比（ω/ω_n）也为已知时，则可利用式（1.5）求得隔震层（如夹层橡胶支座）所要求的阻尼比。

3. 结构隔震减震分析

可把式（1.4）表示为图 1.15。

令式（1.4）的 R_a 值为 1，即

$$R_a = \frac{\ddot{x}_s}{\ddot{x}_g} = 1$$

若隔震结构的加速度反应衰减比为 1，意味着该隔震结构在任何阻尼比 ζ 的情况下均不发挥隔震作用，此时 $\omega/\omega_n = \sqrt{2} = 1.4142$，此值即为隔震结构与不隔震结构（传统抗震结构）的分界线的理论值，即图 1.15 中的 A 点。可分为三种情况进行分析。

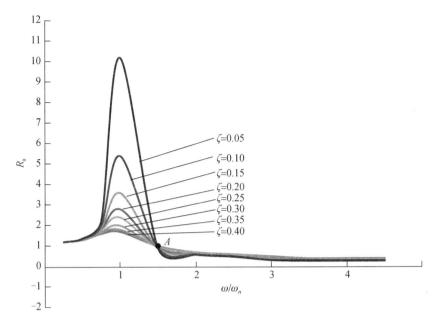

图 1.15　隔震结构 R_a 与 ω / ω_n 的关系曲线

（1）当 $\omega / \omega_n > 1.4142$ 时，$R_a < 1$。结构体系为隔震结构体系，结构的地震反应被衰减，ω / ω_n 越大，R_a 越小，减震效果越好。

（2）当 $\omega / \omega_n < 1.4142$ 时，$R_a > 1$。结构体系为传统抗震结构体系，结构的地震反应被放大。

（3）当 $\omega / \omega_n \to 1.0$ 时，$R_a \gg 1$。传统抗震结构与场地共振。地震反应可达很大值，将导致结构严重破坏或倒塌。不少传统抗震结构很接近这种状况，是很不安全的。

对于隔震结构，例如采用夹层橡胶隔震支座的隔震结构，由于橡胶支座水平刚度很小，能使结构的自振周期延长至 $T_n = 2 \sim 5\text{s}$，即自振频率 $\omega_n = 0.2 \sim 0.50\text{Hz}$；而场地的特征周期 $T_g = 0.25 \sim 0.90\text{s}$，即场地的特征频率 $\omega = 1.1 \sim 4.0\text{Hz}$，在一般情况下，均能满足 $\omega / \omega_n \gg 1.4142$ 的要求，使结构的地震反应大大衰减。

1.7.2　隔震装置概要

1. 装置的特征和性能评价

传统结构的各构件刚接在一起，其力学性能相互影响，因此即使能得到个别构件的试验结果，也不能由此简单地推算出结构整体的运动状况。相反，在地震时隔震装置所受的都是单一的水平变形，因此能够抽出各隔震装置进行试验，综合其结果后可较容易地把握隔震结构的整体特性。

图 1.16　足尺橡胶垫的剪切试验

关于试件的大小，虽然弹性性能相似法则成立，但最终的破坏受到试件大小的影响，有必要用原型试件进行试验。隔震装置可分开单独试验，因而具有研究实际大小、实际环境、实际位移和实际速度的优点。图 1.16 给出的是足尺橡胶垫的剪切试验。

2. 隔震支座

隔震支座要能长期安定地支撑上部结构的重力，即使地震使其产生水平变形，支座也要能安定地支撑竖向荷载。支座随水平变形产生的竖向变形要尽可能小。作用于隔震支座的水平力与位移的关系很简明，必须保证设计时使用的关系式在实际中也能成立。设计时需要把握隔震支座刚度的偏差、隔震支座竖向荷载与水平变形之间的关系，也要把握隔震支座产生的拉伸变形与水平变形的相互关系。隔震装置或隔震体系必须具备下述四项基本特性。

（1）承载特性。隔震装置具有较大的竖向承载能力，在上部结构正常使用状况下，安全地支撑着上部结构的所有重力和使用荷载，具备很大的竖向承载力安全系数，确保上部结构在使用状况下的绝对安全并满足使用要求。

（2）隔震特性。隔震装置具有可变的水平刚度特性，在强风或微小地震时，具有足够的水平刚度，上部结构水平位移极小，不影响使用要求；在中强地震发生时，其水平刚度较小，上部结构水平滑动，使刚性的抗震结构体系变为柔性的隔震结构体系，其自振周期大大延长，远离上部结构的自振周期和场地特征周期，从而把地面震动有效隔开，明显降低上部结构的地震反应，可使上部结构的加速度反应（或地震作用）降低为传统结构加速度反应的 $1/12 \sim 1/4$。另外，隔震装置的水平刚度远远小于上部结构的水平刚度，因此上部结构在地震中的水平变形，从传统抗震结构的"放大晃动型"变为隔震结构的"整体平动型"，从激烈的、由下到上不断放大的晃动变为只做长周期的、缓慢的、整体水平平动，因而上部结构在强地震中仍处于弹性状态。这样，既能保护结构本身，也能保护结构内部的装饰、精密设备仪器等不遭任何损坏，确保结构物和生命财产在强地震中的安全。

为了隔离竖向震（振）动，隔震（振）体系中的隔震（振）装置应具有合适的竖向刚度，使隔震（振）体系的竖向自振周期远离上部结构的自振周期及场地（或振源）的特征周期（或激振周期），从而明显有效地隔开竖向震（振）动，降低上部结构的震（振）动反应。

（3）复位特性。由于隔震装置具有水平弹性恢复力，隔震结构体系在地震中具有瞬时自动"复位"功能。地震后，上部结构恢复至初始状态，满足正常使用要求。

（4）阻尼消能特性。隔震结构遭遇地震时，地震输入的能量部分转化为隔震支座的弹性应变能，主要部分被阻尼器的弹塑性应变能吸收。阻尼器的作用是减少地震时产生的位移反应，最终吸收所有地震输入的能量。要正确评估阻尼器的作用力和变形之间的关系，使设计时考虑的关系尽量与实际情形一致。隔震装置应具有足够的阻尼，即隔震装置应具有较大的消能能力，较大的阻尼可使上部结构的位移明显减少。

用作隔震装置的橡胶垫，可用天然橡胶，也可用人工合成橡胶。为提高垫块的竖向承载力和竖向刚度，橡胶垫一般由橡胶片与薄钢板叠合而成，并将钢板边缩入橡胶内，以防止钢板锈蚀，如图 1.17 所示。当沿竖向压缩橡胶垫时，橡胶的剪切刚度限制钢板间的橡胶片外流。橡胶层总厚度越小，橡胶垫能承受的竖向荷载越大，它的竖向和侧向刚度也越大。

橡胶垫的水平刚度一般为竖向刚度的 1% 左右，且具有显著的非线性特性（图 1.18）。小变形时，由于刚度较大，对抗风性能非常有利，可以保证建筑物的正常使用功能；大变形时，橡胶的剪切刚度下降很多，只有初始刚度的 1/6～1/4，可以大大降低结构振动频率，减小振动反应。通常情况下，隔震体系的刚度每降低 25%，建筑物的加速度平均减小 10%。当橡胶垫的剪应变超过 50% 后，刚度又逐渐有所提高，这又起到了安全阀的作用，对防止建筑物产生过量的位移有好处。

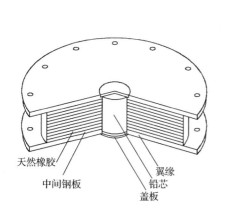

图 1.17　橡胶垫隔震装置图

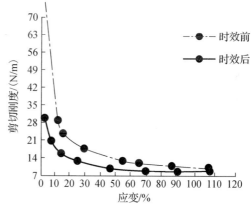

图 1.18　橡胶剪切刚度-应变关系

1.7.3　隔震的恢复力模型

隔震技术可以有效隔离地面震动、保护上部结构。由于隔震层的侧移刚度比上部结构的层间侧移刚度小得多，隔震层在大震作用下表现出较大的层间侧移，在大震侧移下耗能[1]。因此，结构的非线性地震反应主要集中在隔震层。对这种结构进行非线性分析时，结构恢复力模型的建立主要集中在对隔震层的描述上。叠层橡胶支座或铅芯橡胶支座均有一定的启动刚度（也称门槛刚度，后者比前者大），因此使用双线型模型较为合适（图 1.19）。图 1.20 为铅芯橡胶支座的恢复力模型，对隔震结构进行非线性地震反应分析的主要目的是检验隔震设计的有效性、计算上部结构地震作用及作用效应、检验隔震层的安全性。

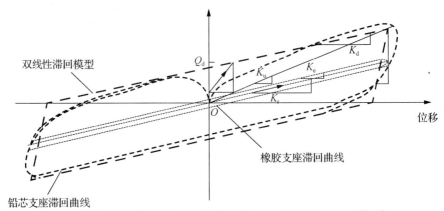

Q_d—门槛刚度；K_r—橡胶刚度；K_d—屈服后刚度；K_e—等效刚度；K_u—强性刚度。

图 1.19　橡胶支座、铅芯支座滞回曲线的比较

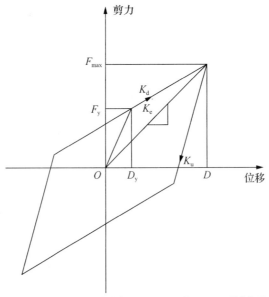

F_y—屈服强度；F_{max}—最大剪力；D_y—屈服位移；D—最大位移。

图 1.20　铅芯橡胶支座的恢复力模型

参 考 文 献

[1] 崔利富. 大型 LNG 储罐基础隔震与晃动控制研究[D]. 大连：大连海事大学，2012.

[2] 中华人民共和国住房和城乡建设部. 建筑抗震设计规范（2016 年版）：GB 50011—2010[S]. 北京：中国建筑工业出版社，2010.

[3] 中华人民共和国住房和城乡建设部, 中华人民共和国国家质量监督检验检疫总局. 建筑结构可靠性设计统一标准: GB 50068—2018[S]. 北京：中国建筑工业出版社，2002.

[4] An International Codes and Standards Organization NFPA 59A: 2001, Standard for the production, storage, and handling of liquefied natural gas[S]. America, 2001.

[5] API 620:2002, Design and construction of large, welded, low-pressure storage tanks [S]. America : American Petroleum Institute, 2002.

[6] EN 1998-4, Design of structures for earthquake resistance [S]. Europe, 2007.

[7] EN 10028-4, Flat products made of steels for pressure purposes-Part 4: Nickel alloy steels with specified low temperature properties [S]. Europe, 2009.

[8] EN 10025-2, Hot rolled products of structural steels-Part 2: Technical delivery conditions for non-alloy structural steels [S]. Europe, 2006.

[9] 中华人民共和国住房和城乡建设部. 立式圆筒形钢制焊接油罐设计规范: GB 50341—2014[S]. 北京：中国计划出版社，2015.

[10] 中华人民共和国国家发展和改革委员会. 钢制常压立式圆筒形储罐抗震鉴定标准: SH/T 3026—2005[S]. 北京：中国石化出版社，2006.

[11] 中华人民共和国住房和城乡建设部. 混凝土结构设计规范（2015 年版）: GB 50010—2010[S]. 北京：中国建筑工业出版社，2011.

[12] 中华人民共和国建设部. 建筑桩基技术规范: JGJ 94—2008[S]. 北京：中国建筑工业出版社，2008.

[13] 中华人民共和国住房和城乡建设部. 建筑地基基础设计规范: GB 50007—2011[S]. 北京：中国计划出版社，2012.

[14] 中华人民共和国住房和城乡建设部. 钢结构设计标准: GB 50017—2017[S]. 北京：中国计划出版社，2003.

[15] 中华人民共和国住房和城乡建设部. 建筑结构荷载规范: GB 50009—2012[S]. 北京：中国建筑工业出版社，2012.

[16] 周福霖. 工程结构减震控制[M]. 北京：地震出版社，1997.

第二章 LNG 储罐抗震设计理论和方法

本章将以 LNG 单容罐和全容罐为例展开介绍（因目前全容罐的应用最为广泛，所以重点介绍全容罐的抗震基本理论，后续计算分析也将以全容罐为例，单容罐只做简要说明）。主要内容包括：建立水平地震作用下 $16 \times 10^4 \mathrm{m}^3$ LNG 刚性地基储罐、土与储罐相互作用和桩土 LNG 储罐相互作用的简化力学模型和运动控制方程，采用时程分析法计算各类储罐的地震响应；基于反应谱理论，推导抗震 LNG 储罐反应谱设计方法，进行储罐反应谱算例分析，并与时程分析算例进行对比，验证反应谱理论的可行性。

2.1　LNG 单容罐抗震设计基本理论

单容罐只有一个储液容器，为自支撑式钢质圆筒形储罐，它的性质与其他的储存石油产品及水的钢储罐相似。单容罐的周围分别筑有黏土质或混凝土围堰，在容器泄漏时容纳溢出的液体，图 1.1 即为单容罐的简化示意图。

2.1.1　无桩土 LNG 单容罐基本理论

对于无桩土 LNG 单容罐，其简化力学模型可参照石油储罐的刚性储罐分析方法[1]。将无桩土 LNG 单容储罐结构假定为绝对刚性，液体考虑为无黏滞性的、无旋的理想液体，仅考虑重力波的影响，而不考虑液体的可压缩性，上部等效为对流质量 m_c 和下部的刚性脉冲质量 m_0，等效高度分别为 H_c 和 H_0，对流质量的等效刚度和阻尼分别为 k_c 和 c_c，对流质量的速度和位移分别为 $\dot{x}_c$ 和 x_c，对流质量与刚性质量的加速度分别为 $\ddot{x}_c$ 和 $\ddot{x}_g$，R 为内罐半径，各参数的计算方法在下述全容罐中有详细介绍。考虑储罐在 x 轴方向上的水平地面运动，无桩土 LNG 单容罐抗震分析简化力学模型如图 2.1 所示。

无桩土 LNG 单容罐力学方程式为

$$m_c \ddot{x}_c + c_c \dot{x}_c + k_c x_c = -(m_c + m_0)\ddot{x}_g \tag{2.1}$$

储罐基底剪力：

$$Q = -m_c(\ddot{x}_c + \ddot{x}_g) - m_0 \ddot{x}_g \tag{2.2}$$

储罐基底弯矩：

$$M = -m_c H_c(\ddot{x}_c + \ddot{x}_g) - m_0 H_0 \ddot{x}_g \tag{2.3}$$

晃动波高：

$$h_v = 0.837 R \frac{\ddot{x}_g(t) + \ddot{x}_c(t)}{g} \tag{2.4}$$

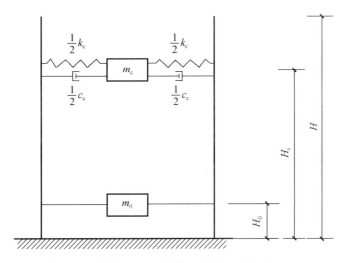

图 2.1　无桩土 LNG 单容罐抗震分析简化力学模型

2.1.2　桩土 LNG 单容罐基本理论

桩土 LNG 单容罐抗震分析简化力学模型如图 2.2 所示，上部罐体与无桩土 LNG 单容罐相同，下部桩土简化为水平等效刚度、水平等效阻尼为 k_H 和 c_H 的弹簧-阻尼器体系，土体参数计算方法在全容罐中有介绍。在图 2.2 中，刚性脉冲质量和对流质量的简化与无桩土 LNG 单容罐一致，地面运动考虑为水平运动，并且经桩基传送至上部储罐，桩基层速度为 $\dot{x}_H$。

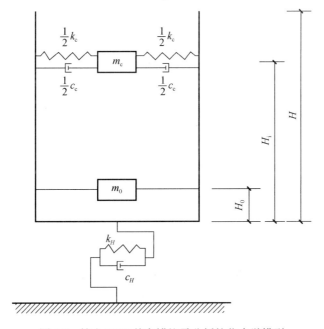

图 2.2　桩土 LNG 单容罐抗震分析简化力学模型

桩土 LNG 单容罐力学方程式为

$$\begin{bmatrix} m_c & m_c \\ m_c & m_c+m_0 \end{bmatrix}\begin{bmatrix} \ddot{x}_c \\ \ddot{x}_H \end{bmatrix}+\begin{bmatrix} c_c & 0 \\ 0 & c_H \end{bmatrix}\begin{bmatrix} \dot{x}_c \\ \dot{x}_H \end{bmatrix}+\begin{bmatrix} k_c & 0 \\ 0 & k_H \end{bmatrix}\begin{bmatrix} x_c \\ x_H \end{bmatrix}=-\begin{bmatrix} m_c \\ m_c+m_0 \end{bmatrix}\ddot{x}_g \quad (2.5)$$

储罐基底剪力：

$$Q=-m_c(\ddot{x}_c+\ddot{x}_H+\ddot{x}_g)-m_0(\ddot{x}_g+\ddot{x}_H) \quad (2.6)$$

储罐基底弯矩：

$$M=-m_cH_c(\ddot{x}_c+\ddot{x}_H+\ddot{x}_g)-m_0H_0(\ddot{x}_g+\ddot{x}_H) \quad (2.7)$$

晃动波高：

$$h_v=0.837R\frac{\ddot{x}_H(t)+\ddot{x}_g(t)+\ddot{x}_c(t)}{g} \quad (2.8)$$

2.2　LNG 全容罐抗震设计基本理论

典型的全容式 LNG 储罐如图 2.3 所示。本书将 LNG 储罐混凝土外罐视为悬臂端具有集中质量的剪切悬臂梁，同时考虑圆形截面变形和弯曲效应的影响，应用结构动力学基本理论推导外罐的固有特性和水平地震激励下的运动方程，其力学模型简化为单质点体系。将内罐看成立式储液容器，假定液体为无旋、无黏、不可压缩的理想液体，从考虑液体对流运动、液固耦联运动和刚性运动出发，对流运动与液固耦联运动的自振周期相差较大，分开考虑，推导水平地震激励下内罐的动力方程，其力学模型简化为三质点体系。本书中以 $16\times10^4\mathrm{m}^3$ LNG 全容罐为例进行详细的推导说明。

2.2.1　无桩土 LNG 全容罐抗震设计基本理论

1. 外罐简化力学模型

针对全容式 LNG 储罐，可将 LNG 储罐混凝土外罐视为悬臂端具有集中质量的剪切悬臂梁，同时考虑圆形截面变形和弯曲效应的影响，应用结构动力学基本理论推导外罐的固有特性和水平地震激励下的运动方程，其力学模型可简化为单质点体系（图 2.4 和图 2.5）。

根据达朗贝尔的动平衡原理，可求得外罐的自由振动方程为

$$\frac{GA}{k}\frac{\partial^2 w}{\partial z^2}-m\frac{\partial^2 w}{\partial t^2}=0 \quad (2.9)$$

式中：$m=\dfrac{\gamma_m A}{g}$，γ_m 为材料的容重，g 为重力加速度；G 为结构材料的剪切模量；k 为剪切断面系数（环形截面为 2.0）；A 为外罐的剪切横截面面积。

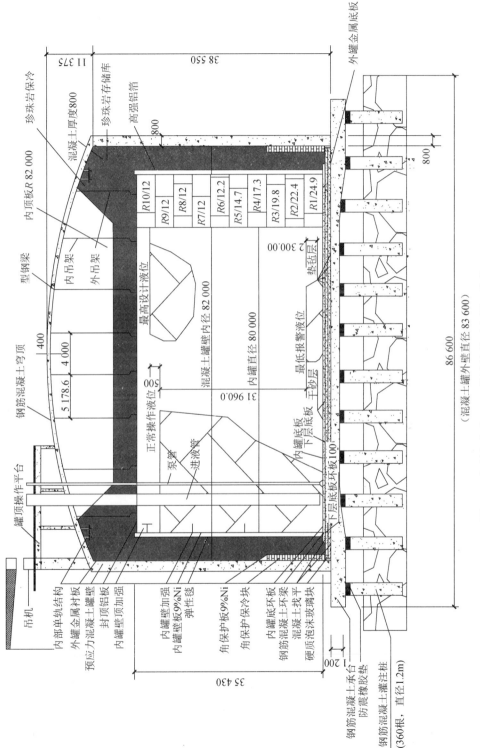

图 2.3　典型全容式 LNG 储罐结构示意图（单位：mm）

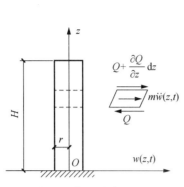

图 2.4　剪切悬臂梁振动

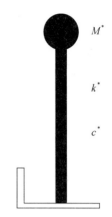

图 2.5　外罐简化模型

按剪切梁理论求得的频率方程为

$$\omega_j = \frac{(2j-1)\pi a}{2H} = \frac{(2j-1)\pi}{2H}\sqrt{\frac{GA}{km}} \qquad (j=1,2,\cdots) \qquad (2.10)$$

式中：a 为剪切波的传播速度，$a = \sqrt{\dfrac{GA}{km}}$。

相应的自振周期为

$$T_j = \frac{2\pi}{\omega_j} = \frac{4H}{2j-1}\sqrt{\frac{km}{GA}} \qquad (j=1,2,\cdots) \qquad (2.11)$$

考虑 LNG 储罐穹顶质量 M 的影响，采用能量法推导系统的固有频率，则有系统的基频为

$$\omega = \sqrt{\frac{k^*}{M^*}} = \sqrt{\frac{\pi GA}{kH(2M+mH)}} \qquad (2.12)$$

式中：$M^* = M + \dfrac{mH}{2}$；$k^* = \dfrac{\pi GA}{2kH}$。

考虑圆形截面产生的变形对周期的影响系数为

$$\begin{cases} \eta_1 = \left[1 - \dfrac{\pi^2(1-\mu)}{256}\left(\dfrac{D}{H}\right)^2\right]^{-1} & \left(\dfrac{D}{H} \leqslant \dfrac{8}{\pi\sqrt{1-\mu}}\right) \\[4mm] \eta_1 = \left\{\dfrac{8}{\pi\sqrt{1-\mu}}\dfrac{H}{D}\left[1 - \dfrac{1}{4}\left(\dfrac{8}{\pi\sqrt{1-\mu}}\dfrac{H}{D}\right)^2\right]\right\}^{-1} & \left(\dfrac{D}{H} > \dfrac{8}{\pi\sqrt{1-\mu}}\right) \end{cases} \qquad (2.13)$$

考虑弯曲变形的影响系数 η_2，它是根据 Dunkerly 方法将梁的剪切振动周期与弯曲振动周期用平方和开方求得

$$\eta_2 = \sqrt{1 + \frac{0.4}{1-\mu}\left(\frac{H}{D}\right)^2} \qquad (2.14)$$

修正后的基本周期为

$$T^* = \eta_1\eta_2 T = \eta_1\eta_2 \frac{2\pi}{\omega} = \frac{2\pi}{\omega^*} = 2\eta_1\eta_2 \sqrt{\frac{\pi kH(2M + mH)}{GA}} \qquad (2.15)$$

修正后的刚度为

$$k^* = M^*\omega^{*2} = \frac{\pi GA}{2kH\eta_1^2\eta_2^2} \qquad (2.16)$$

2. 内罐简化力学模型

将内罐看成立式储液容器，假定液体为无旋、无黏、不可压缩的理想液体[2]，从考虑液体对流运动、液固耦联运动和刚性运动出发，对流运动与液固耦联运动的自振周期相差较大，分开考虑，推导水平地震激励下内罐的动力方程，内罐几何坐标系统如图 2.6 所示。

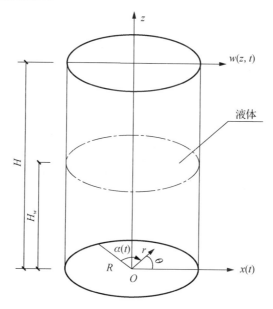

图 2.6 内罐几何坐标系统

在上述基本假定条件下，储液的速度势 Φ 应满足如下的拉普拉斯（Laplace）方程和边界条件：

$$\frac{\partial^2\Phi}{\partial r^2} + \frac{1}{r}\frac{\partial\Phi}{\partial r} + \frac{1}{r^2}\frac{\partial^2\Phi}{\partial\theta^2} + \frac{\partial^2\Phi}{\partial z^2} = 0 \qquad (2.17)$$

$$\frac{\partial\Phi}{\partial\theta}\bigg|_{\theta=0,\pi} = 0 \qquad (2.18a)$$

$$\frac{\partial\Phi}{\partial r}\bigg|_{r=R} = [\dot{x}_g(t) + \dot{w}(z,t)]\cos\theta \qquad (2.18b)$$

$$\left.\frac{\partial \Phi}{\partial z}\right|_{z=0} = 0 \tag{2.18c}$$

$$\left.\frac{\partial \Phi}{\partial t}\right|_{Z=H_w} + gh_v = 0 \tag{2.18d}$$

式中：Φ 为 r、θ、z、t 函数；h_v 为液体自由表面方程；$\dot{x}_g(t)$ 为水平方向地震激励；$\dot{w}(z,t)$ 为水平地震激励下当 $\cos\theta = 1$ 时的罐壁径向速度。

将液体的总速度势分解为刚性脉冲速度势 φ_1、对流晃动速度势 φ_2 和柔性脉冲速度势 φ_3，则总的速度势：

$$\Phi = \varphi_1 + \varphi_2 + \varphi_3 \tag{2.19}$$

根据分离变量法及边界条件可得刚性脉冲速度势为

$$\varphi_1(r,\theta,z,t) = r\dot{x}_g(t)\cos\theta \tag{2.20}$$

对流晃动速度势为

$$\varphi_2(r,\theta,z,t) = \sum_{n=1}^{\infty} \frac{2R\dot{q}_n(t)}{(\sigma_n^2-1)J_1(\sigma_n)} \frac{\mathrm{ch}\left(\sigma_n\dfrac{z}{R}\right)}{\mathrm{ch}\left(\sigma_n\dfrac{H_w}{R}\right)} J_1\left(\sigma_n\frac{r}{R}\right)\cos\theta \tag{2.21}$$

柔性脉冲速度势为

$$\varphi_3 = \sum_{n=1}^{\infty} \dot{w}(t)\frac{2I_1(\lambda_n r)\cos(\lambda_n z)\cos\theta}{\lambda_n H_w I_1'(\lambda_n R)}k_n \tag{2.22}$$

则根据总速度势可以求出自由液面振动形态公式

$$h_v = -\frac{1}{g}\frac{\partial\Phi}{\partial t}\Big|_{z=H_w}$$

由作用于储罐侧壁上的液动压力 $P(R,\theta,z,t) = -\rho\dfrac{\partial\Phi}{\partial t}\Big|_{r=R}$ 引起的基底剪力和罐壁基底弯矩为

$$Q(t) = -m_0\ddot{x}_g(t) - m_i[\ddot{x}_g(t) + \ddot{x}_i(t)] - m_c[\ddot{x}_g(t) + \ddot{x}_c(t)] \tag{2.23}$$

$$M(t) = -m_0 H_0\ddot{x}_g(t) - m_i H_i[\ddot{x}_g(t) + \ddot{x}_i(t)] - m_c H_c[\ddot{x}_g(t) + \ddot{x}_c(t)] \tag{2.24a}$$

由作用于储罐底板上的液动压力 $P(R,\theta,z,t) = -\rho\dfrac{\partial\Phi}{\partial t}\Big|_{z=0}$ 引起的基底弯矩与储罐侧壁上的液动压力 $P(R,\theta,z,t) = -\rho\dfrac{\partial\Phi}{\partial t}\Big|_{r=R}$ 引起的基底弯矩叠加得总基底弯矩为

$$M_t = -m_0 H_0'\ddot{x}_g(t) - m_i H_i'[\ddot{x}_g(t) + \ddot{x}_i(t)] - m_c H_c[\ddot{x}_g(t) + \ddot{x}_c(t)] \tag{2.24b}$$

其中

$$\begin{cases} m_c = (0.002\ 12S^5 - 0.009\ 58S^4 - 0.043\ 65S^3 + 0.378\ 96S^2 - 0.969\ 56S + 1.094\ 59)m_l \\ m_i = (-0.001\ 81S^5 + 0.005\ 98S^4 + 0.058\ 58S^3 - 0.396\ 21S^2 + 0.911\ 99S - 0.095\ 82)m_l \\ m_0 = (-0.000\ 31S^5 + 0.003\ 60S^4 - 0.014\ 93S^3 + 0.017\ 25S^2 + 0.057\ 57S + 0.001\ 23)m_l \end{cases}$$

$$\begin{cases} H_c = H_w(-0.002\ 48S^5 + 0.028\ 19S^4 - 0.121\ 18S^3 + 0.216\ 93S^2 - 0.015\ 20S + 0.509\ 60) \\ H_i = H_w(-0.000\ 63S^5 + 0.008\ 07S^4 - 0.041\ 23S^3 + 0.097\ 84S^2 - 0.065\ 46S + 0.468\ 14) \\ H_0 = H_w(-0.003\ 04S^5 + 0.031\ 20S^4 - 0.123\ 99S^3 + 0.238\ 81S^2 - 0.223\ 47S + 0.017\ 06) \\ H_i' = H_w(-0.097\ 98S^5 + 1.021\ 94S^4 - 4.158\ 69S^3 + 8.295\ 97S^2 - 8.208\ 76S + 3.843\ 30) \\ H_0' = H_w(-0.227\ 10S^5 + 2.371\ 35S^4 - 9.671\ 50S^3 + 19.409\ 98S^2 - 19.632\ 29S + 8.523\ 46) \end{cases}$$

　　式（2.22）和式（2.23）可以简化为如图 2.7 所示的简化力学模型。将罐内液体质量简化为对流质量 m_c、柔性脉冲质量 m_i 和刚性脉冲质量 m_0；等效高度分别为 H_c、H_i 和 H_0；对流和柔性脉冲质量由等效弹簧刚度 k_c、k_i 及阻尼常数 c_c、c_i 与罐壁连接。柔性脉冲位移、对流晃动位移、地面运动位移分别为 $x_i(t)$、$x_c(t)$ 和 $x_g(t)$。

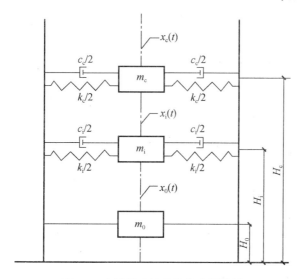

图 2.7　内罐基础抗震简化力学模型

3. 整体简化力学模型

　　将图 2.5 与图 2.7 结合得到无桩土 LNG 全容储罐抗震分析简化力学模型，如图 2.8 所示。

　　根据结构动力学中的哈密顿（Hamilton）原理：

$$\delta\int_{t_1}^{t_2}(T-V)\mathrm{d}t + \int_{t_1}^{t_2}\delta W_{nc}\mathrm{d}t = 0 \qquad (2.25)$$

式中：T、V 分别为系统的动能和势能；W_{nc} 为非保守力所做的功。

　　针对图 2.8 简化分析力学模型，得到

$$T = \frac{1}{2}M^*[\dot{x}_g(t) + \dot{x}^*(t)]^2 + \frac{1}{2}m_0\dot{x}_g^2(t) + \frac{1}{2}m_i[\dot{x}_g(t) + \dot{x}_i(t)]^2 + \frac{1}{2}m_c[\dot{x}_g(t) + \dot{x}_c(t)]^2 \quad (2.26a)$$

$$V = \frac{1}{2}k_c x_c^2 + \frac{1}{2}k_i x_i^2 + \frac{1}{2}k^* x^{*2} \quad (2.26b)$$

$$\delta W_{nc} = -c_c\dot{x}_c\delta x_c - c_i\dot{x}_i\delta x_i - C^*\dot{x}^*\delta x^* \quad (2.26c)$$

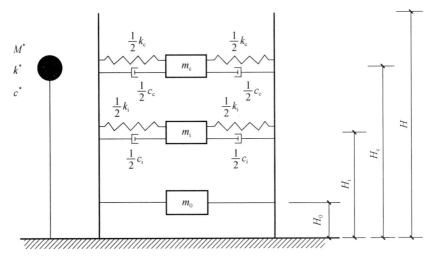

图 2.8　无桩土 LNG 全容储罐抗震分析简化力学模型

将式（2.26）代入式（2.25），整理得

$$\begin{bmatrix} M^* & 0 & 0 \\ 0 & m_c & 0 \\ 0 & 0 & m_i \end{bmatrix}\begin{bmatrix} \ddot{x}^* \\ \ddot{x}_c \\ \ddot{x}_i \end{bmatrix} + \begin{bmatrix} c^* & 0 & 0 \\ 0 & c_c & 0 \\ 0 & 0 & c_i \end{bmatrix}\begin{bmatrix} \dot{x}^* \\ \dot{x}_c \\ \dot{x}_i \end{bmatrix} + \begin{bmatrix} k^* & 0 & 0 \\ 0 & k_c & 0 \\ 0 & 0 & k_i \end{bmatrix}\begin{bmatrix} x^* \\ x_c \\ x_i \end{bmatrix} = -\begin{bmatrix} M^* \\ m_c \\ m_i \end{bmatrix}\ddot{x}_g \quad (2.27)$$

用于内罐设计的剪力：

$$Q_s = -m_0\ddot{x}_g(t) - m_i[\ddot{x}_g(t) + \ddot{x}_i(t)] - m_c[\ddot{x}_g(t) + \ddot{x}_c(t)] \quad (2.28a)$$

用于基础设计的总剪力：

$$Q_t = -M^*[\ddot{x}_g(t) + \ddot{x}^*(t)] - m_0\ddot{x}_g(t) - m_i[\ddot{x}_g(t) + \ddot{x}_i(t)] - m_c[\ddot{x}_g(t) + \ddot{x}_c(t)] \quad (2.28b)$$

用于内罐设计的罐壁基底弯矩：

$$M_s = -m_0 H_0\ddot{x}_g(t) - m_i H_i[\ddot{x}_g(t) + \ddot{x}_i(t)] - m_c H_c[\ddot{x}_g(t) + \ddot{x}_c(t)] \quad (2.28c)$$

用于基础设计的总基底弯矩：

$$M_t = -M^* H[\ddot{x}_g(t) + \ddot{x}^*(t)] - m_0 H_0'\ddot{x}_g(t) - m_i H_i'[\ddot{x}_g(t) + \ddot{x}_i(t)] - m_c H_c[\ddot{x}_g(t) + \ddot{x}_c(t)]$$

$$(2.28d)$$

晃动波高：

$$h_v = 0.837 R\frac{\ddot{x}_g(t) + \ddot{x}_c(t)}{g} \quad (2.28e)$$

2.2.2 土与储罐相互作用抗震设计基本理论

全容罐在考虑土与结构的相互作用时,可将下部土体简化为弹簧阻尼器体系[3,4],水平等效刚度和水平等效阻尼分别为 k_H 和 c_H,扭转刚度和阻尼系数分别为 k_α 和 c_α [5],本节将介绍考虑桩土扭转与忽略桩土扭转的储罐抗震设计理论。桩基层顶部运动加速度为 $\ddot{x}_H(t)$,其余部分简化与 2.2.1 节相同,最终桩土 LNG 储罐简化力学模型如图 2.9 和图 2.10 所示。

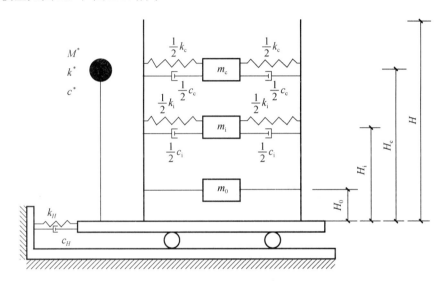

图 2.9　忽略土体扭转 LNG 储罐简化力学模型

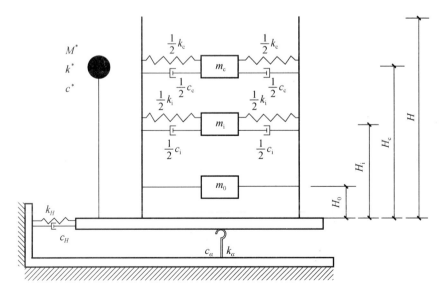

图 2.10　考虑土体扭转 LNG 储罐简化力学模型

$$k_H = \frac{32(1-\nu_f)G_f R}{(7-8\nu_f)}, \quad c_H = 0.576 k_H R \sqrt{\frac{\rho_f}{G_f}} \qquad (2.29)$$

$$k_\alpha = \frac{8 G_f R^3}{3(1-\nu_f)}, \quad c_\alpha = \frac{0.3 k_\alpha R \sqrt{\dfrac{\rho_f}{G_f}}}{1 + \dfrac{3(1-\nu_f)I}{8\rho_f R^5}} \qquad (2.30)$$

1. 忽略土体扭转的 LNG 储罐抗震设计理论[6,7]

根据结构动力学中的哈密顿原理：

$$\delta \int_{t_1}^{t_2} (T-V)\mathrm{d}t + \int_{t_1}^{t_2} \delta W_{nc}\mathrm{d}t = 0 \qquad (2.31)$$

式中：T、V 分别为系统的动能和势能；W_{nc} 为非保守力所做的功。

$$T = \frac{1}{2}M^*[\dot{x}_g(t)+\dot{x}_H(t)+x^*(t)]^2 + \frac{1}{2}m_0[\dot{x}_H(t)+\dot{x}_g(t)]^2$$
$$+ \frac{1}{2}m_i[\dot{x}_H(t)+\dot{x}_g(t)+\dot{x}_i(t)]^2 + \frac{1}{2}m_c[\dot{x}_H(t)+\dot{x}_g(t)+\dot{x}_c(t)]^2 \qquad (2.32a)$$

$$V = \frac{1}{2}k_c x_c^2 + \frac{1}{2}k_i x_i^2 + \frac{1}{2}k^* x^{*2} + \frac{1}{2}k_H x_H^2 \qquad (2.32b)$$

$$\delta W_{nc} = -c_c \dot{x}_c \delta x_c - c_i \dot{x}_i \delta x_i - c_H \dot{x}_H \delta x_H - c^* \dot{x}^* \delta x^* \qquad (2.32c)$$

将式（2.32a）～式（2.32c）代入式（2.31），整理得

$$\begin{bmatrix} M^* & 0 & 0 & 0 \\ 0 & m_c & 0 & 0 \\ 0 & 0 & m_c & 0 \\ 0 & 0 & 0 & M^*+m_c+m_i+m_0 \end{bmatrix} \begin{bmatrix} \ddot{x}^* \\ \ddot{x}_c \\ \ddot{x}_i \\ \ddot{x}_H \end{bmatrix} + \begin{bmatrix} c^* & 0 & 0 & 0 \\ 0 & c_c & 0 & 0 \\ 0 & 0 & c_i & 0 \\ 0 & 0 & 0 & c_H \end{bmatrix} \begin{bmatrix} \dot{x}^* \\ \dot{x}_c \\ \dot{x}_i \\ \dot{x}_H \end{bmatrix}$$
$$+ \begin{bmatrix} k^* & 0 & 0 & 0 \\ 0 & k_c & 0 & 0 \\ 0 & 0 & k_i & 0 \\ 0 & 0 & 0 & k_H \end{bmatrix} \begin{bmatrix} x^* \\ x_c \\ x_i \\ x_H \end{bmatrix} = - \begin{bmatrix} M^* \\ m_c \\ m_i \\ M^*+m_c+m_i+m_0 \end{bmatrix} \ddot{x}_g \qquad (2.33)$$

用于内罐设计的剪力：

$$Q_s = -m_0[\ddot{x}_H(t)+\ddot{x}_g(t)] - m_i[\ddot{x}_H(t)+\ddot{x}_g(t)+\ddot{x}_i(t)]$$
$$- m_c[\ddot{x}_H(t)+\ddot{x}_g(t)+\ddot{x}_c(t)] \qquad (2.34a)$$

用于基础设计的总剪力：

$$Q_t = -M^*[\ddot{x}_H(t)+\ddot{x}_g(t)+\ddot{x}^*(t)] - m_0[\ddot{x}_H(t)+\ddot{x}_g(t)]$$
$$- m_i[\ddot{x}_H(t)+\ddot{x}_g(t)+\ddot{x}_i(t)] - m_c[\ddot{x}_H(t)+\ddot{x}_g(t)+\ddot{x}_c(t)] \qquad (2.34b)$$

用于内罐设计的罐壁基底弯矩：

$$M_s = -m_0 H_0 [\ddot{x}_H(t) + \ddot{x}_g(t)] - m_i H_i [\ddot{x}_H(t) + \ddot{x}_g(t) + \ddot{x}_i(t)]$$
$$- m_c H_c [\ddot{x}_H(t) + \ddot{x}_g(t) + \ddot{x}_c(t)] \tag{2.34c}$$

用于基础设计的总基底弯矩：
$$M_t = -M^* H [\ddot{x}_H(t) + \ddot{x}_g(t) + \ddot{x}^*(t)] - m_0 H_0 [\ddot{x}_H(t) + \ddot{x}_g(t)]$$
$$- m_i H_i [\ddot{x}_H(t) + \ddot{x}_g(t) + \ddot{x}_i(t)] - m_c H_c [\ddot{x}_H(t) + \ddot{x}_g(t) + \ddot{x}_c(t)] \tag{2.34d}$$

晃动波高：
$$h_v = 0.837 R \frac{\ddot{x}_H(t) + \ddot{x}_g(t) + \ddot{x}_c(t)}{g} \tag{2.34e}$$

2. 考虑土体扭转的 LNG 储罐抗震设计理论

根据上述基本方法和结构动力学中的哈密顿原理，得五自由度体系的运动控制方程为

$$
\begin{bmatrix}
M^* & 0 & M^* & M^* & M^*H \\
0 & m_c & 0 & m_c & m_c h_c \\
0 & 0 & m_i & m_i & m_i h_i \\
M^* & m_c & m_i & M^*+m_c+m_i+m_0 & M^*H+m_c h_c+m_i h_i+m_0 h_0 \\
M^*H & m_c h_c & m_i h_i & M^*H+m_c h_c+m_i h_i+m_0 h_0 & M^*H^2+m_c h_c^2+m_i h_i^2+m_0 h_0^2+I_0
\end{bmatrix}
\begin{bmatrix}
\ddot{x}^* \\
\ddot{x}_c \\
\ddot{x}_i \\
\ddot{x}_H \\
\ddot{\alpha}
\end{bmatrix}
$$
$$
+
\begin{bmatrix}
c^* & & & & \\
& c_c & & & \\
& & c_i & & \\
& & & c_H & \\
& & & & c_\alpha
\end{bmatrix}
\begin{bmatrix}
\dot{x}^* \\
\dot{x}_c \\
\dot{x}_i \\
\dot{x}_H \\
\dot{\alpha}
\end{bmatrix}
+
\begin{bmatrix}
k^* & & & & \\
& k_c & & & \\
& & k_i & & \\
& & & k_H & \\
& & & & k_\alpha
\end{bmatrix}
\begin{bmatrix}
x^* \\
x_c \\
x_i \\
x_H \\
\alpha
\end{bmatrix}
= -
\begin{bmatrix}
M^* \\
m_c \\
m_i \\
M^*+m_c+m_i+m_0 \\
M^*H+m_c h_c+m_i h_i+m_0 h_0
\end{bmatrix}
\ddot{x}_g
$$
$$\tag{2.35}$$

式中：I_0 为罐体绕中心的转动惯量。

基底剪力、基底力矩、晃动波高（取一阶振型）为
$$Q(t) = -m_c \left[\ddot{x}_c(t) + \ddot{x}_H(t) + h_c \ddot{\alpha}(t) + \ddot{x}_g(t) \right]$$
$$- m_i \left[\ddot{x}_i(t) + \ddot{x}_H(t) + h_i \ddot{\alpha}(t) + \ddot{x}_g(t) \right]$$
$$- m_0 \left[\ddot{x}_H(t) + h_0 \ddot{\alpha}(t) + \ddot{x}_g(t) \right]$$
$$- M^* [\ddot{x}^*(t) + \ddot{x}_H(t) + H \ddot{\alpha}(t) + \ddot{x}_g(t)] \tag{2.36a}$$
$$M(t) = -m_c h_c \left[\ddot{x}_c(t) + \ddot{x}_H(t) + h_c \ddot{\alpha}(t) + \ddot{x}_g(t) \right]$$
$$- m_i h_i \left[\ddot{x}_i(t) + \ddot{x}_H(t) + h_i \ddot{\alpha}(t) + \ddot{x}_g(t) \right]$$
$$- m_0 h_0 \left[\ddot{x}_H(t) + h_0 \ddot{\alpha}(t) + \ddot{x}_g(t) \right]$$
$$- M^*H[\ddot{x}^*(t) + \ddot{x}_H(t) + H \ddot{\alpha}(t) + \ddot{x}_g(t)] \tag{2.36b}$$

$$h_v = -\frac{0.837}{g}[\ddot{x}_H(t) + H_1\ddot{\alpha}(t) + \ddot{x}_g(t) + \ddot{x}_c(t)]R \qquad (2.36c)$$

2.2.3　桩土 LNG 储罐抗震设计理论

考虑桩土相互作用的 LNG 储罐简化力学模型和土与储罐相互作用简化力学模型相似，但该模型将桩土整体简化为弹簧-阻尼器体系，采用相关算法计算出桩土的等效刚度和阻尼系数，本节中介绍两种较为常见的桩土参数计算方法。

1. 规范算法计算桩土等效参数

桩土弹簧刚度按照《建筑桩基技术规范》（JGJ 94—2008）附录 C 计算，该方法考虑了承台、基桩协同工作和土的弹性抗力作用，其基本假定如下。

（1）将土体视为弹性变形介质，其水平抗力系数随深度线性增加（m 法），地面处为 0。对于低承台桩基，计算桩基时，假定桩顶标高处的水平抗力系数为 0，并随深度增长。

（2）在水平力和竖向压力作用下，基桩、承台、地下墙体表面上任一点的接触应力（法向弹性抗力）与该点的法向位移 δ 成正比。

（3）忽略桩身、承台、地下墙体侧面与土之间的黏着力和摩擦力对抵抗水平力的作用。

（4）桩顶与承台刚性连接（固结），承台的刚度视为无穷大。因此，只有当承台的刚度较大，或由上部结构与承台的协同作用使承台的刚度得到增强的情况下，才适于采用此种方法。

具体计算方法参考《建筑桩基技术规范》（JGJ 94—2008），此处不再赘述。运动控制方程与 2.2.2 节一致。

2. 经验公式算法计算桩土等效参数

为有效考虑动力作用下桩土间的相互作用，日本建筑协会推出一种计算桩土水平等效刚度的方法，将桩土简化为具有集中质量的弹簧-阻尼器单元，该种方法不但可以考虑地基土的成层性，同时还可以有效考虑各层土体之间的非线性关系。

桩土水平等效刚度：

$$k_H = 1.3\left(\frac{E_{so}B^4}{E_p I_p}\right)^{\frac{1}{12}}\frac{E_{so}}{1-\mu_{so}^2} \qquad (2.37)$$

桩土水平等效阻尼：

$$c_H = c_e + c_{hm} \qquad (2.38a)$$

$$c_e = b\rho_{so}(V_{so} + V_{po}) \qquad (2.38b)$$

$$c_{hm} = \frac{2\xi_{so}k_H}{\omega} \qquad (2.38c)$$

土体等效质量:

$$M_{so} = \rho_{so} A h \qquad (2.39)$$

式中：k_H 为桩土的水平等效刚度；c_e 为单桩桩周土水平等效阻尼；c_{hm} 为土体的材料阻尼；c_H 为桩土水平等效阻尼；M_{so} 为土体的等效质量；E_{so} 为土体的弹性模量；B 为桩基础直径；E_p 为钢筋混凝土桩弹性模量；I_p 为桩的截面惯性矩；V_{so}、V_{po} 分别为土体的剪切波速和拉压波速；$b = 1.57B \sim 2B$；ρ_{so} 为土体密度；ξ_{so} 为土体阻尼比；ω 为土体的振动圆频率；μ_{so} 为桩周土泊松比；A 为承台面积；h 为土体分层厚度。

采用经验公式算法的运动控制方程与上述规范算法相似，方程中考虑了土体的成层性和质量。

2.3 时程分析算例

以 $16 \times 10^4 m^3$ LNG 储罐为例，按 I ～ IV 类场选取峰值加速度 PGA（peak ground acceleration）$=0.34g$ 的水平向地震波，通过计算对比不同场地条件下储罐的地震响应，为实际工程抗震设计提供可参考的依据。

2.3.1 无桩土 LNG 储罐地震响应计算

1. 物理参数

以 $16 \times 10^4 m^3$ LNG 全容罐为例，结构体系各部分几何参数及物理参数见表 2.1。

表 2.1 $16 \times 10^4 m^3$ LNG 储罐相关物理参数

序号	物理参数	符号	单位	数值
1	混凝土外罐高度	H	m	39.69
2	混凝土外罐内半径	r	m	41.00
3	混凝土外罐厚度	t_{cc}	m	0.80
4	混凝土穹顶质量	m_{cct}	kg	6.85×10^6
5	内罐半径	R	m	40.00
6	内罐等效壁厚	t_w	mm	15.93
7	储液高度	h_w	m	34.26
8	混凝土密度	ρ_{cc}	kg/m^3	2 500
9	钢材密度	ρ_s	kg/m^3	7 850
10	液体密度	ρ_w	kg/m^3	480
11	混凝土弹性模量	E_{cc}	N/mm^2	3.45×10^{10}
12	钢材弹性模量	E_s	N/mm^2	2.06×10^{11}
13	混凝土泊松比	μ_{cc}	无量纲	0.17
14	钢材泊松比	μ_s	无量纲	0.30

续表

序号	物理参数	符号	单位	数值
15	混凝土外罐阻尼比	ξ_{cc}	无量纲	0.05
16	储液对流运动阻尼比	ξ_c	无量纲	0.005
17	储液脉动阻尼比	ξ_i	无量纲	0.02
18	圆形截面产生变形对外罐周期的影响	η_1	无量纲	1.161
19	弯曲变形对外罐周期的影响	η_2	无量纲	1.054
20	重力加速度	g	m/s²	9.8
21	混凝土底板质量	m_p	kg	1.415×10^7

2. 地震动的选取

每类场地选择七条地震波用来计算简化力学模型的地震响应，包括五条天然波，两条人工波，见表2.2。

表 2.2　地震波的选取

场地类型	Ⅰ类场地	Ⅱ类场地	Ⅲ类场地	Ⅳ类场地
地震波名称	金门公园波	TH Ⅱ 1	CPC_TOPANGA CANYON	TRI_TREASURE ISLAND
	CPM_CAPE MENDOCINO	兰州波	LWD_DEL AMO BLVD	天津波
	SUPERSTITION MOUNTAIN	唐山北京饭店波	EMC_FAIRVIEW AVE	Pasadena
	TH Ⅰ 1	TAR	PEL	上海波
	TH Ⅰ 2	TH Ⅱ 2	El Centro	TH Ⅳ 1
	人工波 Ⅰ 1	人工波 Ⅱ 1	人工波 Ⅲ 1	人工波 Ⅳ 1
	人工波 Ⅰ 2	人工波 Ⅱ 2	人工波 Ⅲ 2	人工波 Ⅳ 2

调整地震波的加速度峰值为 0.34g，加速度时程曲线如图 2.11 所示。

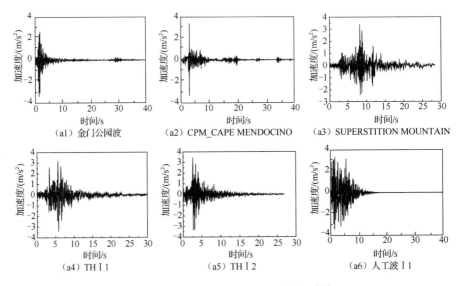

图 2.11　四类场地地震波加速度时程曲线

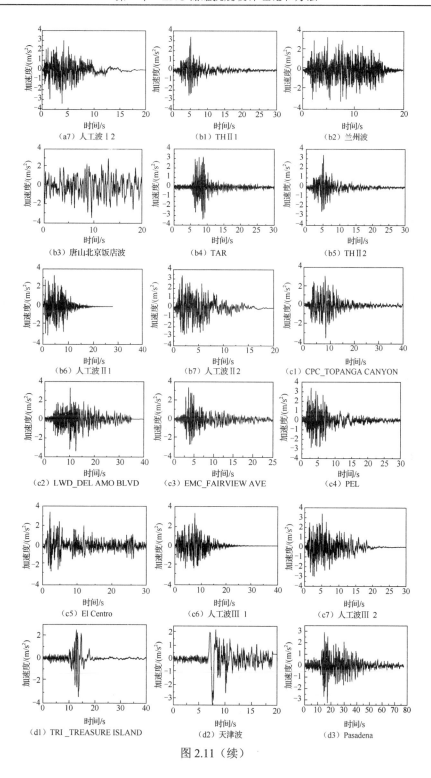

图 2.11（续）

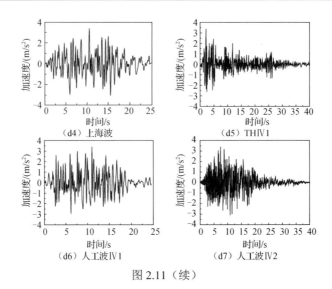

图 2.11（续）

对四类场地的地震波进行快速傅里叶变换，可以得到相应的频谱曲线，图 2.12
为各条地震波的频谱特性曲线。

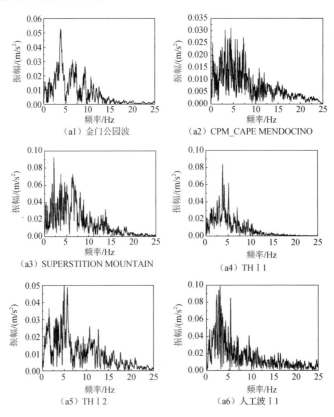

图 2.12　四类场地地震波频谱特性曲线

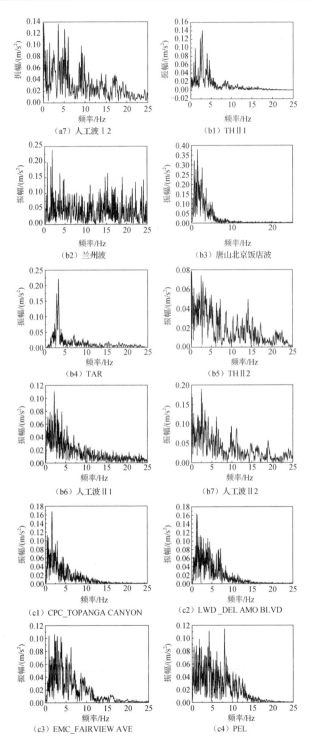

图 2.12（续）

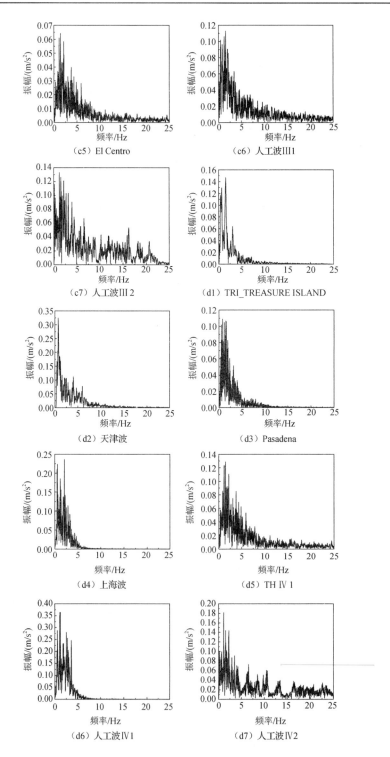

（c5）El Centro　　　　　　　（c6）人工波Ⅲ1

（c7）人工波Ⅲ2　　　　　　　（d1）TRI_TREASURE ISLAND

（d2）天津波　　　　　　　　（d3）Pasadena

（d4）上海波　　　　　　　　（d5）TH Ⅳ1

（d6）人工波Ⅳ1　　　　　　　（d7）人工波Ⅳ2

图 2.12（续）

通过频谱特性分析得出场地地震波卓越频率，部分见表 2.3。

表 2.3　输入的四类场地地震波卓越频率

场地类型	地震波名称	持时/s	频率/Hz	周期/s
I 类场地	金门公园波	45	3.88	0.258
	CPM_CAPE MENDOCINO	40	3.17	0.315
	SUPERSTITION MOUNTAIN	30	2.15	0.465
	TH I 1	30	3.76	0.266
	TH I 2	25	4.99	0.200
	人工波 I 1	40	3.05	0.328
	人工波 I 2	20	3.64	0.275
II 类场地	TH II 1	30	2.86	0.350
	兰州波	20	1.87	0.535
	唐山北京饭店波	20	1.56	0.641
	TAR	30	3.26	0.307
	TH II 2	20	2.50	0.400
	人工波 II 1	40	2.17	0.461
	人工波 II 2	20	2.45	0.408
III 类场地	CPC_TOPANGA CANYON	40	1.70	0.588
	LWD_DEL AMO BLVD	35	1.20	0.833
	EMC_FAIRVIEW AVE	30	2.26	0.442
	PEL	30	4.23	0.236
	El Centro	50	2.16	0.463
	人工波 III 1	40	1.54	0.649
	人工波 III 2	30	1.23	0.813
IV 类场地	TRI_TREASURE ISLAND	40	0.67	1.493
	天津波	20	0.73	1.370
	Pasadena	80	0.78	1.282
	上海波	25	0.57	1.754
	TH IV1	40	1.47	0.680
	人工波 IV1	25	1.10	0.909
	人工波 IV2	40	1.12	0.89

根据四类场地地震波的频谱特性可以看出，随着场地类别的增大，地震波的周期变长，I、II 类场地的周期较短，属于抗震有利地段，III、IV 类场地周期较

长，其中Ⅲ类场地中某些地震波含有长周期成分，例如 CPC_TOPANGA CANYON 地震波。

3. 地震响应分析

对 LNG 储罐进行上述地震动计算得到各类场地的地震响应理论值，见表 2.4～表 2.7。

表 2.4　Ⅰ类场地地震响应理论值

地震波名称	内罐剪力/(10^8N)	总剪力/(10^8N)	内罐弯矩/(10^9N·m)	总弯矩/(10^9N·m)
金门公园波	0.76	1.76	1.22	5.97
CPM_CAPE MENDOCINO	0.65	1.56	1.07	3.81
SUPERSTITION MOUNTAIN	1.33	2.73	1.99	8.95
TH Ⅰ 1	1.46	2.25	2.41	6.55
TH Ⅰ 2	1.10	2.08	1.70	6.05
人工波 Ⅰ 1	2.24	2.35	3.59	6.95
人工波 Ⅰ 2	1.53	2.15	2.32	5.88

表 2.5　Ⅱ类场地地震响应理论值

地震波名称	内罐剪力/(10^8N)	总剪力/(10^8N)	内罐弯矩/(10^9N·m)	总弯矩/(10^9N·m)
TH Ⅱ 1	1.45	1.74	2.45	4.83
兰州波	2.69	3.15	4.28	8.77
唐山北京饭店波	4.23	4.58	6.63	12.20
TAR	1.65	2.01	2.75	5.84
TH Ⅱ 2	2.48	2.64	3.97	7.60
人工波 Ⅱ 1	2.32	2.78	3.65	7.56
人工波 Ⅱ 2	2.64	2.93	4.20	8.32

表 2.6　Ⅲ类场地地震响应理论值

地震波名称	内罐剪力/(10^8N)	总剪力/(10^8N)	内罐弯矩/(10^9N·m)	总弯矩/(10^9N·m)
CPC_TOPANGA CANYON	3.07	3.85	4.89	10.51
LWD_DEL AMO BLVD	3.18	3.46	4.98	9.39
EMC_FAIRVIEW AVE	1.44	2.29	2.23	7.26
PEL	2.90	3.35	4.49	9.17
El Centro	4.10	4.82	6.42	13.40
人工波Ⅲ 1	3.40	4.14	5.31	11.47
人工波Ⅲ 2	2.74	3.51	4.31	9.98

表 2.7　Ⅳ类场地地震响应理论值

地震波名称	内罐剪力/(10^8N)	总剪力/(10^8N)	内罐弯矩/(10^9N·m)	总弯矩/(10^9N·m)
TRI_TREASURE ISLAND	5.04	5.97	7.72	15.92
天津波	2.34	2.56	3.80	6.77
Pasadena	5.68	5.88	8.95	15.80
上海波	6.04	6.79	9.35	18.17
TH Ⅳ1	4.10	4.82	6.42	13.40
人工波Ⅳ1	4.40	4.66	7.03	12.47
人工波Ⅳ2	3.66	3.85	5.82	10.45

对上述地震响应做均值分析，结果见表 2.8。

表 2.8　各类场地地震响应均值

场地类型	内罐剪力/(10^8N)	总剪力/(10^8N)	内罐弯矩/(10^9N·m)	总弯矩/(10^9N·m)
Ⅰ类场地	1.30	2.13	2.04	6.31
Ⅱ类场地	2.49	2.83	3.99	7.87
Ⅲ类场地	2.98	3.63	4.66	10.17
Ⅳ类场地	4.47	4.93	7.01	13.28

根据各类场地的计算结果和场地均值分析得到：随着场地类别的逐渐增大，内罐响应和总响应均逐渐变大，Ⅳ类场地的总基底剪力相较于Ⅰ类场地扩大了 2.3 倍，总基底弯矩扩大了 2.1 倍，由此可见场地类别对 $16 \times 10^4 \mathrm{m}^3$ LNG 储罐的地震响应影响很大，在进行实际工程选址时应该尽量避开抗震不利场地，若是场地较软则应选择适当类型桩基础进行加固处理。

2.3.2　土与 LNG 储罐地震响应计算

1. 地震动的选取

在算例中以Ⅲ类场地为例，选取 4 条 PGA（Peak ground acceleration）=0.34g 的水平向地表地震波和 3 条加速度峰值为 0.34g 的基岩地震波计算土与储罐简化力学模型的地震响应，场地对应地震波选择见表 2.9。土体等效刚度、阻尼系数按照 2.2.2 节介绍的相关公式进行计算。

表 2.9　场地对应地震波选择

地震波名称	性质	持时/s	频率/Hz	周期/s
CPC_TOPANGA CANYON	地表波	40	1.56	0.64
LWD_DEL AMO BLVD	地表波	40	1.20	0.83
EMC_FAIRVIEW AVE	地表波	30	0.88	1.14
人工波 3	地表波	40	1.71	0.585
绵竹波	基岩波	80	2.34	0.43
BVP090	基岩波	30	1	1
什邡波	基岩波	80	3.47	0.29

注：各类地震波的时程曲线和频谱在其他章节中有详细的介绍。

2. 土与储罐相互作用分析

按照 2.2.2 节所介绍的简化力学模型来计算土与储罐相互作用的地震响应，并与 2.3.1 节刚性地基储罐的地震响应进行对比，结果见表 2.10，地震响应时程曲线如图 2.13～图 2.19 所示。

表 2.10　三类场地 LNG 储罐地震响应峰值及效应对比

地震波名称	项目	内罐壁基底剪力 数值/(10^8N)	对比/%	总基底剪力 数值/(10^8N)	对比/%	内罐壁基底弯矩 数值/(10^9N·m)	对比/%	总基底弯矩 数值/(10^9N·m)	对比/%
CPC_TOPANGA CANYON	刚性基础储罐	3.07	-15.96	3.85	1.82	4.89	-7.77	10.50	0.76
	土与储罐	3.56		3.78		5.27		10.42	
LWD_DEL AMO BLVD	刚性基础储罐	3.18	19.18	3.46	19.65	4.98	19.65	9.39	18.32
	土与储罐	2.57		2.78		3.74		7.67	
EMC_FAIRVIEW AVE	刚性基础储罐	1.44	1.39	2.29	13.10	2.23	8.52	7.26	19.42
	土与储罐	1.42		1.99		2.04		5.85	
人工波 3	刚性基础储罐	3.41	0.29	4.14	3.86	5.31	12.05	11.49	3.92
	土与储罐	3.40		3.98		4.67		11.04	

续表

地震波名称	项目	内罐壁基底剪力		总基底剪力		内罐壁基底弯矩		总基底弯矩	
		数值/ （10^8N）	对比/ %	数值/ （10^8N）	对比/ %	数值/ （10^9N·m）	对比/ %	数值/ （10^9N·m）	对比/ %
绵竹波	刚性基础储罐	1.66	28.31	2.03	26.60	2.66	33.08	5.66	22.79
	土与储罐	1.19		1.49		1.78		4.37	
BVP090	刚性基础储罐	2.67	21.35	2.95	17.29	4.21	26.13	8.24	17.35
	土与储罐	2.10		2.44		3.11		6.81	
什邡波	刚性基础储罐	2.55	10.20	2.60	1.54	4.26	10.56	7.14	1.82
	土与储罐	2.29		2.56		3.81		7.01	

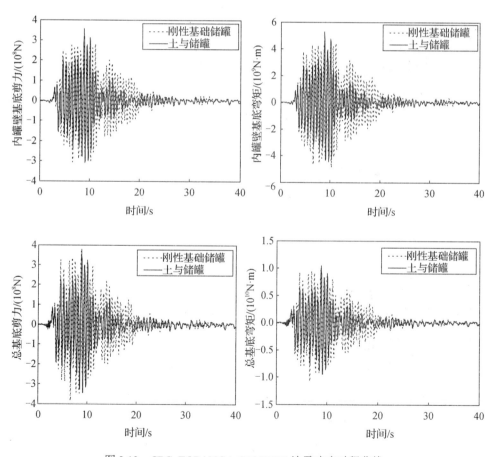

图 2.13　CPC_TOPANGA CANYON 地震响应时程曲线

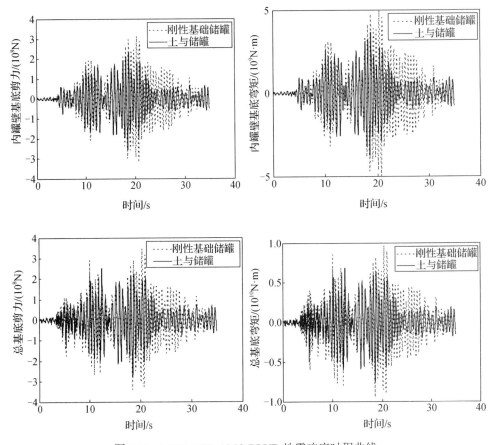

图 2.14 LWD_DEL AMO BLVD 地震响应时程曲线

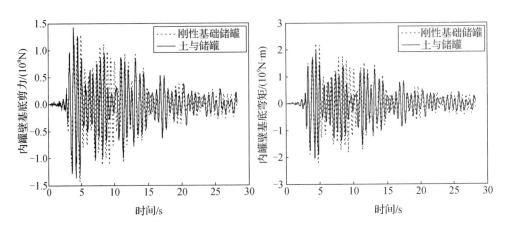

图 2.15 EMC_FAIRVIEW AVE 地震响应时程曲线

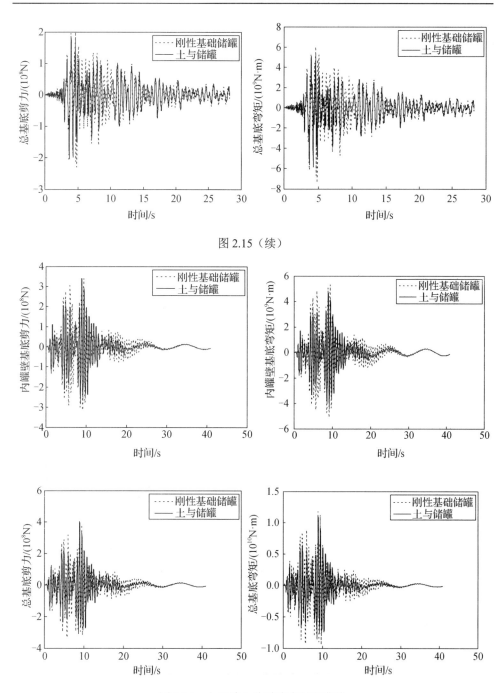

图 2.15（续）

图 2.16　人工波 3 地震响应时程曲线

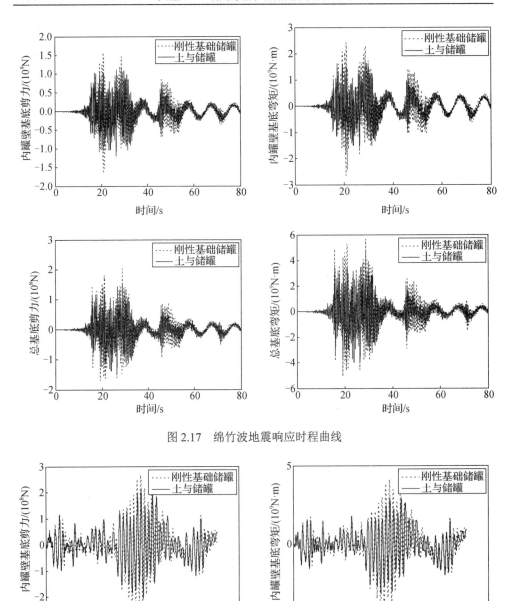

图 2.17　绵竹波地震响应时程曲线

图 2.18　BVP090 地震响应时程曲线

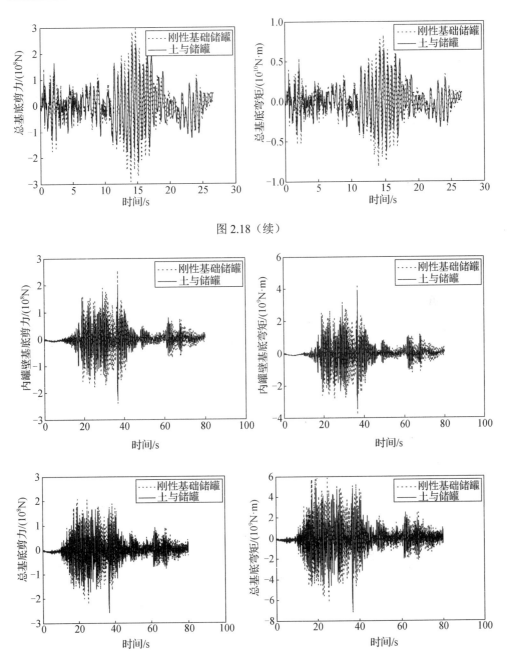

图 2.18（续）

图 2.19 什邡波地震响应时程曲线

以Ⅲ类场地为例时，考虑土与储罐相互作用对储罐地震响应具有削峰作用，但会引起晃动波高略微增大。不同类型地震波所引起的削峰效果不同，也有个别地震波会引起地震响应的增大，例如在 CPC_TOPANGA CANYON 地震动作用下内罐基底剪力和弯矩出现了增大。除此之外，储罐在基岩波激励下地震响应削峰效应更加明显。例如在绵竹清平波、BVP090 和什邡八角波三条基岩波作用下，考虑土与储罐相互作用的地震响应与刚性地基储罐相比有更大程度的降低。

2.3.3 桩土 LNG 储罐地震响应计算

1. 场地条件及土层分布

以中国沿海地区某实际 LNG 储罐工程为例进行计算分析，根据工程现场勘测资料显示，地基和场地复杂程度均为二级，采用高承台桩筏基础。桩基础高度为82m，直径 1.2m，共 319 根，表 2.11 即为工程场地土层分布及物理力学参数。

表 2.11 $16 \times 10^4 m^3$ LNG 储罐工程场地土层分布及物理力学参数

地层编号	岩土类别	层厚/m	泊松比	剪切波速/s	剪切模量/MPa	弹性模量/MPa
（1）	杂填土	2.38	0.488	214	68.7	204.4
（2）	吹填土	5.87	0.493	180	55.1	164.5
（3）$_1$	淤泥质粉质黏土	11.26	0.496	130	30.4	91.0
（3）$_2$	淤泥质粉质黏土	10.02	0.496	125	27.5	82.3
（4）	淤泥质黏土	11.62	0.496	136	32.7	97.9
（5）	粉质黏土	9.51	0.490	223	92.5	275.7
（6）	含砾粉质黏土	3.24	0.486	317	196.0	582.3
（7）	粉质黏土	3.76	0.485	424	356.0	1 057.0
（8）	粉质黏土	4.43	0.485	382	284.6	845.2
（9）	粉质黏土	12.76	0.486	340	228.9	680.4
（10）	含砾粉质黏土	5.95	0.481	511	519.6	1 539.0
（11）$_1$	强风化凝灰岩	3.74	0.469	751	1 410.0	4 142.9
（11）$_2$	中风化凝灰岩	—	0.423	1 198	3 903.8	11 112.4

2. 计算结果分析

采用 2.2.3 节所介绍的两种方法分别计算桩土的等效参数，为方便下面分析说明，两种方法分别被称为经验公式参数算法和规范参数算法。表 2.12 为采用两种算法计算得到的 $16 \times 10^4 m^3$ LNG 储罐的基底剪力、基底弯矩和晃动波高数值。表 2.13 给出以上两种算法的差异率，图 2.20 为 $16 \times 10^4 m^3$ LNG 储罐地震响应时程曲线。

表 2.12　16×10⁴m³ LNG 储罐地震响应

地震波	加速度峰值	基底剪力/10⁸N		基底弯矩/（10⁹N·m）		晃动波高/m	
		经验公式参数算法	规范参数算法	经验公式参数算法	规范参数算法	经验公式参数算法	规范参数算法
绵竹清平波	0.085g	0.32	0.33	0.55	0.63	0.40	0.39
	0.1g	0.37	0.38	0.65	0.74	0.46	0.46
	0.15g	0.56	0.58	0.97	1.11	0.70	0.69
	0.2g	0.72	0.77	1.29	1.48	0.93	0.92
	0.25g	0.93	0.96	1.62	1.85	1.16	1.15
	0.3g	1.11	1.15	1.94	2.22	1.39	1.38
	0.35g	1.30	1.34	2.26	2.59	1.63	1.61
什邡八角波	0.085g	0.61	0.62	1.09	1.05	0.15	0.15
	0.1g	0.71	0.73	1.28	1.24	0.18	0.18
	0.15g	1.07	1.10	1.92	1.86	0.27	0.27
	0.2g	1.43	1.47	2.56	2.48	0.36	0.36
	0.25g	1.79	1.83	3.20	3.10	0.45	0.44
	0.3g	2.14	2.20	3.83	3.71	0.54	0.53
	0.35g	2.50	2.57	4.47	4.33	0.63	0.62
BVP090	0.085g	0.46	0.41	0.84	0.75	0.73	0.72
	0.1g	0.54	0.49	0.99	0.89	0.85	0.85
	0.15g	0.81	0.73	1.49	1.33	1.28	1.27
	0.2g	1.08	0.97	1.99	1.77	1.71	1.69
	0.25g	1.35	1.22	2.48	2.22	2.14	2.12
	0.3g	1.63	1.46	2.98	2.66	2.56	2.54
	0.35g	1.90	1.71	3.48	3.70	2.99	2.96
TCU094	0.085g	0.75	0.89	1.43	1.59	2.65	2.62
	0.1g	0.88	1.05	1.69	1.87	3.12	3.09
	0.15g	1.32	1.57	2.53	2.80	4.68	4.63
	0.2g	1.76	2.09	3.37	3.74	6.24	6.18
	0.25g	2.20	2.62	4.22	4.67	7.80	7.72
	0.3g	2.64	3.14	5.06	5.61	9.36	9.26
	0.35g	3.08	3.67	5.90	6.54	10.93	10.81

表 2.13　差异率　　　　　　　　　　　　　　单位：%

地震波	地震响应	加速度峰值						
		0.085g	0.1g	0.15g	0.2g	0.25g	0.3g	0.35g
绵竹清平波	基底剪力	−3.13	−2.70	−3.57	−6.94	−3.23	−3.60	−3.08
	基底弯矩	−14.55	−13.85	−14.43	−14.73	−14.20	−14.43	−14.60
	晃动波高	2.50	0.00	1.43	1.08	0.86	0.72	1.23

续表

地震波	地震响应	加速度峰值						
		0.085g	0.1g	0.15g	0.2g	0.25g	0.3g	0.35g
什邡八角波	基底剪力	−1.64	−2.82	−2.80	−2.80	−2.23	−2.80	−2.80
	基底弯矩	3.67	3.13	3.12	3.13	3.13	3.13	3.13
	晃动波高	0.00	0.00	0.00	0.00	2.22	1.85	1.59
BVP090	基底剪力	10.87	9.26	9.88	10.19	9.63	10.43	10.00
	基底弯矩	10.71	10.10	10.74	11.06	10.48	10.74	−6.32
	晃动波高	1.37	0.00	0.78	1.17	0.93	0.78	1.00
TCU094	基底剪力	−18.67	−19.32	−18.94	−18.75	−19.09	−18.94	−19.16
	基底弯矩	−11.19	−10.65	−10.67	−10.98	−10.66	−10.87	−10.85
	晃动波高	1.13	0.96	1.07	0.96	1.03	1.07	1.10

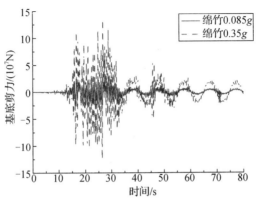

（a）规范参数算法计算的绵竹清平波基底剪力

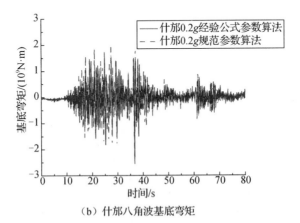

（b）什邡八角波基底弯矩

图 2.20　$16 \times 10^4 m^3$ LNG 储罐地震响应时程曲线

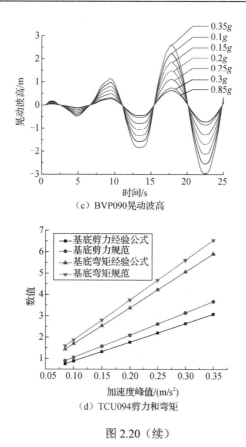

（c）BVP090晃动波高

（d）TCU094剪力和弯矩

图 2.20（续）

　　由表 2.12 中的地震响应数值与表 2.13 的差异率可以看出，两种计算方法得到的地震响应较为接近，但不同基岩波的差异趋势不同，对于绵竹清平波与 TCU094 波，采用规范算法计算出的地震响应大于经验公式算出的数值，而对于 BVP090 波则采用经验公式计算出的地震响应偏大。而对于什邡八角波，基底剪力与基底弯矩的差异率有所差异，异于其他三条地震波。对于晃动波高，两种算法的晃动波高数值高度接近，且地震波的周期越长晃动波高越大。

　　但在应用该方法进行计算分析桩土相互作用的地震响应时将材料视为弹性，因此其地震响应随加速度峰值线性变化。在实际工程中，若是遭遇强烈地震很可能导致储罐材料屈服，此时的地震响应则不是简单的线性变化，因此在使用该方法时应配合其他方法来共同估算地震响应。

2.4　LNG 储罐抗震设计反应谱理论

　　在计算储罐的地震响应时，可以采用简化力学模型来进行计算，也可以采用数值仿真分析方法，但在工程设计中为了便于工程人员进行分析，且要保证所设计工程的安全性，设计人员需要关注地震响应的最大值。应用反应谱设计方法来计算地震响应正是从这一思想出发，在计算中将结构的动力特性和地震特性考虑在内，在原有的静力理论基础上，从实际地震激励出发，考虑场地类别、抗震设防烈度和不同周期等因素，将地震作用以等效荷载的形式进行表达，以此计算结构的内力和位移，验证结构的变形和承载力。反应谱是单自由度体系最大地震反应与体系自振周期的关系曲线，根据反应量的不同，又可分为位移反应谱、速度反应谱和加速度反应谱。根据上述定义，反应谱包含如下两方面的含义：①代表了最大地震反应；②代表了随周期的变化。结构所受的地震作用（即质点上的惯性力）与质点运动的加速度直接相关，因此，在工程抗震领域，常采用加速度反应谱计算结构的地震作用。但是，反应谱理论只是在弹性范围内使用的概念且不能很好地反映地震持续时间的影响，因此在进行储罐的地震响应分析时应配合时程分析运算加以综合考虑。

本节基于规范化的设计要求和反应谱设计理论，建立刚性地基和考虑桩土作用的 LNG 储罐抗震反应谱设计方法，并参考《建筑抗震设计规范（2016 年版）》（GB 50011—2010）给出进行时程分析补充验算的规定，通过 $16 \times 10^4 m^3$ LNG 储罐反应谱设计算例分析，验证反应谱理论的可行性。

2.4.1　LNG 单容罐抗震设计反应谱理论

本章 2.1 节介绍了单容罐的基本假设和理论模型，在进行反应谱分析时仍采用该简化力学模型进行分析。

针对图 2.21 无桩土 LNG 单容罐抗震设计的简化力学模型，基于反应谱理论有如下公式。

$$\beta_c = \frac{\left| \ddot{x}_c(t) + \ddot{x}_g(t) \right|_{max}}{\left| \ddot{x}_g(t) \right|_{max}} \tag{2.40a}$$

$$\beta_0 = 1 \tag{2.40b}$$

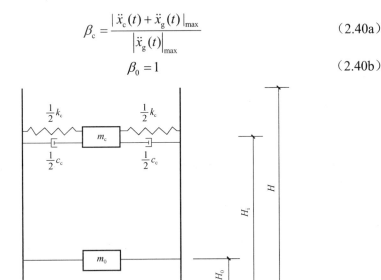

图 2.21　无桩土 LNG 单容罐抗震设计的简化力学模型

取其平方和开平方根法（square root of the sum of the squares，SRSS）计算最
大值，则有如下计算公式：

储罐基底剪力：

$$Q_{s\,max} = kg[(m_0\beta_0)^2 + (m_c\beta_c)^2]^{\frac{1}{2}} = g[(\alpha_0 m_0)^2 + (\alpha_c m_c)^2]^{\frac{1}{2}} \qquad （2.41a）$$

储罐基底弯矩：

$$M_{s\,max} = g[(m_0 H_0 \alpha_0)^2 + (m_c H_c \alpha_c)^2]^{\frac{1}{2}} \qquad （2.41b）$$

晃动波高：

$$h_{v\,max} = 0.837 R\alpha_c \qquad （2.41c）$$

2.4.2　LNG 全容罐抗震设计反应谱理论

LNG 全容罐四质点简化力学模型如图 2.22 所示，外罐等效质量 M^*、柔性脉
冲质量 m_i 和对流质量 m_c、刚性脉冲质量 m_0，其等效高度分别为 H、H_i、H_c 和 H_0；
外罐等效质量、对流质量和柔性脉冲质量由等效弹簧刚度 k^*、k_c 和 k_i 及阻尼常数
c^*、c_c 和 c_i 表示。外罐位移、柔性脉冲位移、对流晃动位移、地面运动位移分别
为 $x^*(t)$、$x_i(t)$、$x_c(t)$ 和 $x_g(t)$。鉴于工程设计简便可行，在满足精度要求的前提
下，为节省计算资源，提高工作效率，可尽量使模型简化。EC8 规范和 API650
规范中将原刚性壁理论的冲击质量等价为柔性壁理论的冲击质量，并考虑对流质
量的影响对储罐进行抗震设计。基于这样的简化思想，可将 LNG 储罐简化为三质
点力学模型。将刚性脉冲质量 m_0 纳入到柔性脉冲质量 m_i 中，从而简化为三质点简
化力学模型（图 2.23），即外罐等效质量 M^*、柔性脉冲质量 m_i 和对流质量 m_c，
其等效高度分别为 H、H_i 和 H_c；外罐等效质量、对流质量和柔性脉冲质量由等

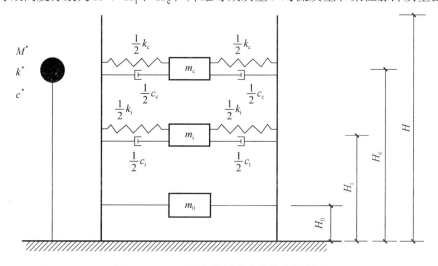

图 2.22　LNG 全容罐四质点简化力学模型

效弹簧刚度 k^*、k_c 和 k_i 及阻尼常数 c^*、c_c 和 c_i 表示。外罐位移、柔性脉冲位移、对流晃动位移、地面运动位移分别为 $x^*(t)$、$x_i(t)$、$x_c(t)$ 和 $x_g(t)$。

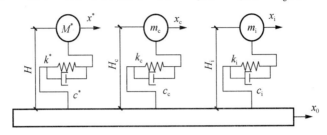

图 2.23　LNG 全容罐三质点简化力学模型

图 2.22 和图 2.23 中各部分参数意义与 2.2.1 节简化力学模型一致,其反应谱如下。

（1）四质点简化力学模型的动力系数 β 为

$$\beta^* = \frac{\left|\ddot{x}^*(t) + \ddot{x}_g(t)\right|_{\max}}{\left|\ddot{x}_g(t)\right|_{\max}} \tag{2.42a}$$

$$\beta_i = \frac{\left|\ddot{x}_i(t) + \ddot{x}_g(t)\right|_{\max}}{\left|\ddot{x}_g(t)\right|_{\max}} \tag{2.42b}$$

$$\beta_c = \frac{\left|\ddot{x}_c(t) + \ddot{x}_g(t)\right|_{\max}}{\left|\ddot{x}_g(t)\right|_{\max}} \tag{2.42c}$$

$$\beta_0 = 1 \tag{2.42d}$$

其中，$\ddot{x}^*(t)$、$\ddot{x}_c(t)$ 和 $\ddot{x}_i(t)$ 可根据 2.2 节理论方法计算出来。

内罐设计的剪力：

$$Q_{s\max} = kg\left[(m_i\beta_i)^2 + (m_c\beta_c)^2 + (m_0\beta_0)^2\right]^{\frac{1}{2}}$$
$$= g\left[(\alpha_i m_i)^2 + (\alpha_c m_c)^2 + (\alpha_0 m_0)^2\right]^{\frac{1}{2}} \tag{2.43a}$$

基础设计的总剪力：

$$Q_{t\max} = kg\left[(M^*\beta^*)^2 + (m_i\beta_i)^2 + (m_c\beta_c)^2 + (m_0\beta_0)^2\right]^{\frac{1}{2}}$$
$$= g\left[(\alpha^* M^*)^2 + (\alpha_i m_i)^2 + (\alpha_c m_c)^2 + (\alpha_0 m_0)^2\right]^{\frac{1}{2}} \tag{2.43b}$$

用于内罐设计的罐壁基底弯矩：

$$M_{s\max} = g\left[(m_i H_i \alpha_i)^2 + (m_c H_c \alpha_c)^2 + (m_0 H_0 \alpha_0)^2\right]^{\frac{1}{2}} \tag{2.43c}$$

用于基础设计的总基底弯矩：

$$M_{t\max} = g\left[(M^* H \alpha^*)^2 + (m_i H_i' \alpha_i)^2 + (m_c H_c \alpha_c)^2 + (m_0 H_0' \alpha_0)^2\right]^{\frac{1}{2}} \tag{2.43d}$$

晃动波高：

$$h_{v\max} = 0.837R\alpha_c \tag{2.43e}$$

（2）三质点简化力学模型的动力系数 β 为

$$\beta_1 = \frac{\left|\ddot{x}^*(t) + \ddot{x}_g(t)\right|_{\max}}{\left|\ddot{x}_g(t)\right|_{\max}} \tag{2.44a}$$

$$\beta_2 = \frac{\left|\ddot{x}_i(t) + \ddot{x}_g(t)\right|_{\max}}{\left|\ddot{x}_g(t)\right|_{\max}} \tag{2.44b}$$

$$\beta_3 = \frac{\left|\ddot{x}_c(t) + \ddot{x}_g(t)\right|_{\max}}{\left|\ddot{x}_g(t)\right|_{\max}} \tag{2.44c}$$

$\ddot{x}^*(t) + \ddot{x}_g(t)$、$\ddot{x}_i(t) + \ddot{x}_g(t)$、$\ddot{x}_c(t) + \ddot{x}_g(t)$ 是不同的时间函数，其最大值一般不会同时发生，因此取其平方和开平方根法（SRSS）计算最大值，则有如下计算公式：

用于内罐设计的剪力：

$$Q_{s\max} = kg\left[(m_i\beta_2)^2 + (m_c\beta_3)^2\right]^{\frac{1}{2}} = g\left[(\alpha_2 m_i)^2 + (\alpha_3 m_c)^2\right]^{\frac{1}{2}} \tag{2.45a}$$

用于基础设计的总剪力：

$$Q_{t\max} = kg\left[(M^*\beta_1)^2 + (m_i\beta_2)^2 + (m_c\beta_3)^2\right]^{\frac{1}{2}}$$
$$= g\left[(\alpha_1 M^*)^2 + (\alpha_2 m_i)^2 + (\alpha_3 m_c)^2\right]^{\frac{1}{2}} \tag{2.45b}$$

用于内罐设计的罐壁基底弯矩：

$$M_{s\max} = g\left[(m_i H_i \alpha_2)^2 + (m_c H_c \alpha_3)^2\right]^{\frac{1}{2}} \tag{2.45c}$$

用于基础设计的总基底弯矩：

$$M_{t\max} = g\left[(M^*H\alpha_1)^2 + (m_i H_i'\alpha_2)^2 + (m_c H_c\alpha_3)^2\right]^{\frac{1}{2}} \tag{2.45d}$$

晃动波高：

$$h_{v\max} = 0.837R\alpha_3 \tag{2.45e}$$

《建筑抗震设计规范（2016 年版）》（GB 50011—2010）中采用的地震系数与地震烈度的对应关系如表 2.14 所示。

表2.14 地震系数与地震烈度的对应关系

地震烈度	6	7	8	9
地震系数	0.05	0.10（0.15）	0.20（0.30）	0.40

注：括号中数值对应于设计基本地震加速度为 0.15g 和 0.30g 的地区。

关于地震影响系数的确定，应根据场地类别、设计地震分组和结构自振周期以及阻尼比确定。《建筑抗震设计规范（2016 年版）》（GB 50011—2010）中采用的抗震设计反应谱 α-T 曲线即是根据上述方法得到的标准反应谱曲线，如图 2.24 所示。

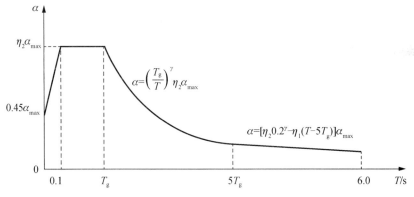

γ—衰减指数；η—直线下降段的下降斜率调整系数。

图 2.24　地震影响系数曲线

图 2.24 中，α 为水平地震影响系数；T 为油罐自振周期（s）；$\alpha_{\max}$ 为水平地震影响系数最大值，按表 2.15 确定；T_g 为特征周期，与场地条件和设计地震分组有关，按表 2.16 确定；η_2 为阻尼调整系数，按下式计算，当小于 0.55 时，应取 0.55：

$$\eta_2 = 1 + \frac{0.05 - \zeta}{0.08 + 1.6\zeta} \qquad (2.46)$$

式中：ζ 为油罐的阻尼比。

表 2.15　水平地震影响系数最大值 $\alpha_{\max}$

地震影响	$\alpha_{\max}$			
	6 度	7 度	8 度	9 度
多遇地震	0.04	0.08（0.12）	0.16（0.24）	0.32
设防地震	0.12	0.23（0.34）	0.45（0.68）	0.90
罕遇地震	0.28	0.50（0.72）	0.90（1.20）	1.40

注：括号中数值分别用于设计基本地震加速度为 0.15g 和 0.30g 的地区。

表 2.16　特征周期值 T_g　　　　　　　　　　　　　　单位：s

设计地震分组	T_g				
	I$_0$	I$_1$	II	III	IV
第一组	0.20	0.25	0.35	0.45	0.65
第二组	0.25	0.30	0.40	0.55	0.75
第三组	0.30	0.35	0.45	0.65	0.90

注：当计算罕遇地震作用时，特征周期应增加 0.05s。

γ 为曲线下降段的衰减指数，按下式计算：

$$\gamma = 0.9 + \frac{0.05 - \zeta}{0.3 + 6\zeta} \tag{2.47}$$

η_1 为直线下降段的下降斜率调整系数，按下式计算，小于 0 时取 0：

$$\eta_1 = 0.02 + \frac{0.05 - \zeta}{4 + 32\zeta} \tag{2.48}$$

因为晃动周期一般较长，当周期大于 6s 时，图 2.24 地震影响系数曲线不可应用，所以这里将《立式圆筒形钢制焊接油罐设计规范》（GB 50341—2014）中的地震影响系数曲线（图 2.25）与《建筑抗震设计规范（2016 年版）》（GB 50011—2010）给出的地震影响系数曲线（图 2.24）综合考虑给出如下的 α 曲线，如图 2.26 所示。

图 2.26 中 T_g 为场地特征周期，按表 2.16 选取，α_{max} 为水平地震影响系数最大值，按表 2.15 选取。

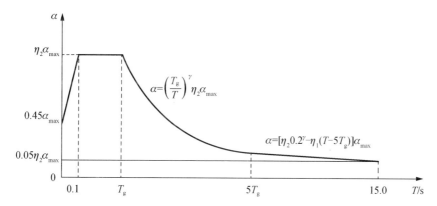

图 2.25　立式圆筒形钢制焊接油罐设计规范（GB 50341—2014）地震影响系数曲线

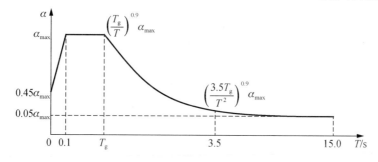

图 2.26　综合地震影响系数曲线

T 为结构基本周期，本章涉及三方面的基本振动周期：外罐基本周期 T^*，对流质量引起的基本周期 T_c，柔性脉冲质量引起的基本周期 T_i。T^* 由式（2.15）求得，T_c 和 T_i 根据下式求得

$$T_{c} = \frac{2\pi}{\omega_{c}} \tag{2.49}$$

$$T_{i} = 2\pi\sqrt{\frac{m_{i}}{k_{i}}} \tag{2.50}$$

其中，k_{i}、ω_{c} 和 m_{i} 在上述都有介绍。

2.4.3　时程分析法补充计算

　　鉴于大型 LNG 储罐的安全等级堪比核电设施，所以应采用时程分析法进行补充计算。结构时程分析中，输入地震波的确定是时程分析结果是否既能反映结构最大可能遭受的地震作用，又能满足工程抗震设计基于安全和功能要求的基础。在这里不提"真实"地反映地震作用，也不提计算结构的精确性，是由于结构可能遭受的地震作用的极大的不确定性和计算中结构建模的近似性决定的。在工程实际应用中经常出现对同一个建筑结构采用时程分析法时，由于输入地震波的不同造成计算结果的数倍乃至数十倍之差，使工程师无所适从的现象。正确选择输入的地震加速度时程曲线，要满足地震动三要素的要求，即频谱特性、有效峰值和持续时间均要符合规定。频谱特性可用地震影响系数曲线表征，依据所处的场地类别和设计地震分组确定，即选用地震波的特征应与设计反应谱在统计意义上一致（结构主要振型周期点相差不大于 20%）；加速度的有效峰值可按表 2.17 所列地震加速度最大值采用，即以地震影响系数最大值除以放大系数（约 2.25）得到；输入的地震加速度时程曲线的有效持续时间，一般从首次到达该时刻曲线最大峰值的 10% 那一点算起，到最后一点达到最大峰值的 10% 为止，不论是实际的强震记录还是人工模拟波形，有效持续时间一般为结构基本周期的 5～10 倍，即结构的顶点位移可按基本周期往复 5～10 次。采用时程分析法时，应按建筑场地类别和设计地震分组选用实际强震记录和人工模拟的加速度时程曲线，其中实际强震记录的数量不应少于总数的 2/3（可采用 2+1 模式或 5+2 模式），多组时程曲线的平均地震影响系数曲线应与振型分解反应谱法所采用的地震影响系数曲线在统计意义上相符，其加速度时程的最大值可按表 2.17 采用。对计算结果的评估是：弹性时程分析时，每条时程曲线计算所得结构底部剪力不应小于振型分解反应谱法计算结果的 65%，多条时程曲线计算所得结构底部剪力的平均值不应小于振型分解反应谱法计算结果的 80%。从工程角度考虑，这样可以保证时程分析结果满足最低安全要求。但计算结果也不能太大，每条地震波输入计算不大于 135%，平均不大于 120%。当取三组加速度时程曲线输入时，计算结果宜取时程分析法的包络值和振型分解反应谱法的较大值；当取七组及七组以上的时程曲线输入时，计算结果可取时程分析法的平均值和振型分解反应谱法的较大值。

表 2.17　时程分析所用地震加速度时程曲线的最大值　　　　单位：cm/s²

地震影响	曲线最大值			
	6 度	7 度	8 度	9 度
多遇地震	18	35（55）	70（110）	140
设防地震	50	100（150）	200（300）	400
罕遇地震	125	220（310）	400（510）	620

注：括号内数值分别用于设计基本地震加速度为 0.15g 和 0.30g 的地区。

2.4.4　LNG 储罐抗震反应谱设计基本步骤

综合上述讨论，下面给出 LNG 储罐抗震反应谱设计的基本步骤。

（1）确定抗震设防标准，对于 LNG 储罐来说，确定为乙类设防，按抗震设防烈度进行地震作用计算。

（2）根据计算简图确定结构的质量参数和自振周期 T。

（3）根据结构所在地区的设防烈度、场地条件和设计地震分组，按表 2.15 和表 2.16 确定反应谱的最大地震影响系数 $\alpha_{\max}$ 和特征周期 T_g。

（4）根据结构的自振周期，按图 2.26 确定地震影响系数。

（5）按计算公式即可计算出地震作用。

（6）时程分析法补充计算。

2.5　反应谱分析算例

取抗震设防烈度为 9 度，III 类场地，设计地震分组为第一组，场地特征周期为 0.45s。根据计算简图，16×10⁴m³ LNG 储罐相关参数如表 2.18 所示。

表 2.18　16×10⁴m³ LNG 储罐相关参数

质点	质量/（10⁷kg）	有效高度/m	基本周期/s	阻尼比
外罐质点	1.7174	39.689	0.1291	0.05
柔性脉冲质点	4.0235	15.828（27.071）	0.5505	0.02
对流质点	4.2203	20.337	9.7673	0.005

注：括号内数值为考虑底板不对称振动的等效高度。

从表 2.18 中可以看出，外罐质点和柔性脉冲质点为短周期振动，对流质点为长周期振动；对比图 2.26 可知，外罐质点地震影响系数处于水平段，柔性脉冲质点地震影响系数处于曲线下降段前期，对流质点地震影响系数处于直线下降段后期。16×10⁴m³ 无桩土 LNG 储罐抗震反应谱地震响应见表 2.19。

表 2.19　16×10⁴m³ 无桩土 LNG 储罐抗震反应谱地震响应

工况		基底剪力/（10⁸N）	罐壁基底力矩/（10⁹N·m）	晃动波高/m
外罐		1.515	6.012	
内罐	柔性脉冲质点	3.699	10.002 （5.855）	3.171
	对流质点	0.392	0.797	
SRSS 组合		4.017 （3.720）	11.708 （5.909）	

选用 ETABS 结构设计分析软件中的Ⅲ类场地地震波进行时程分析补充计算，并将基底剪力与反应谱对比，计算结果列于表 2.20 中。

表 2.20　16×10⁴m³ 无桩土 LNG 储罐抗震时程分析地震响应

地震波	基底剪力/（10⁸N）	与反应谱对比占比/%	晃动波高/m
CPC1	4.529	112.75	0.2529
CPC2	4.724	117.60	0.3512
EMC1	2.694	67.06	0.1608
EMC2	3.171	78.94	0.1605
LWD1	4.071	101.34	0.1980
LWD2	3.320	82.65	0.1427
PEL1	3.198	79.61	0.7301
PEL2	3.941	98.11	0.6356
Lanzhoubo1	3.706	92.26	0.6592
Lanzhoubo2	1.864	46.40	0.5776

从表 2.20 中可以看出，虽场地类别相同，但由于地震波的随机性，每条地震波的地震响应也不同，具有一定的差异性。根据选波规则及对计算结果的评定，有效的地震波计算结果分别是：CPC1、CPC2、EMC1、EMC2、LWD1、LWD2、PEL1、PEL2、Lanzhoubo1、Lanzhoubo2，其基底剪力平均值为 3.52×10^8N，为反应谱设计值的 87.63%，大于 80%，小于 120%，计算结果有效，取时程分析和反应谱计算值的较大值 4.017×10^8N，相应基底弯矩为 11.708×10^9N·m；对于晃动波高来说，反应谱设计值大于时程分析值，安全起见取反应谱值 3.171m，这是因为对流质点为长周期振动，根据反应谱相关理论加速度时程能较好地反映短周期振动，速度时程能较好反映中短周期振动，位移时程能较好反映长周期振动，所以取反应谱设计值是偏于安全的。

参 考 文 献

[1] 孙建刚. 大型立式储罐隔震——理论、方法及实验[M]. 北京：科学出版社，2009.

[2] JOSEPH PENZIEN, CHARLES F. Scheffey, Richard A Parmelee. Seismic Analysis of Bridges on Long Piles[J]. Journal of the Engineering Mechanics Division, ASCE, 90, EM3, 1964: 223-254.

[3] 孙利民，张晨南，潘龙，等. 桥梁桩土相互作用的集中质量模型及参数确定[J]. 同济大学学报，2002, 30(4): 409-415.

[4] 孙建刚. 立式储罐地震响应控制研究[D]. 哈尔滨：中国地震局工程力学研究所，2002.

[5] 崔利富. 考虑 SSI 效应的立式储罐水平基础隔震研究[J]. 世界地震工程，2011，27(2): 140-141.

[6] 孙建刚，崔利富，张营，等. 土与结构相互作用对储罐地震响应的影响[J].地震工程与工程振动，2010，30 (3): 141-146.

[7] 崔利富. 大型 LNG 储罐基础隔震与晃动控制研究[D]. 大连: 大连海事大学，2012.

第三章 LNG 储罐隔震设计理论和方法

本章以全容罐为例介绍隔震设计理论方法和反应谱理论，具体工作包括：建立水平地震作用下 $16 \times 10^4 \mathrm{m}^3$ LNG 刚性地基储罐、土与储罐相互作用和桩土 LNG 储罐相互作用的隔震简化力学模型和运动控制方程，采用时程分析方法计算各类储罐的地震响应并分析场地类别、隔震层参数对隔震效果的影响；基于反应谱理论，推导更为简化的隔震 LNG 储罐反应谱设计方法，进行隔震储罐反应谱算例分析，并与时程分析算例进行对比验证反应谱理论的可行性。

3.1 LNG 单容罐隔震设计基本理论

3.1.1 无桩土 LNG 单容罐隔震基本理论

对于无桩土 LNG 单容罐基础隔震系统，其上部结构的简化力学模型与 2.1 节的假定相类似，仍将储罐结构假定为绝对刚性，液体考虑为无黏滞性的、无旋的理想液体，仅考虑重力波的影响，不考虑液体的可压缩性[1]。考虑储罐在 x 轴方向上的水平地面运动，速度为 $\dot{x}_\mathrm{g}$，经隔震层输入后速度为 $\dot{x}_0$，基于速度势理论和剪力等效原则，将单容罐简化为两质点体系（图 3.1），隔震层刚度和阻尼分别为 k_0 和 c_0，其余各部分参数性质与 2.1 节相同。

隔震 LNG 单容罐力学方程为

$$\begin{bmatrix} m_\mathrm{c} & m_\mathrm{c} \\ 0 & m_\mathrm{c}+m_0 \end{bmatrix}\begin{bmatrix} \ddot{x}_\mathrm{c} \\ \ddot{x}_0 \end{bmatrix}+\begin{bmatrix} c_\mathrm{c} & 0 \\ 0 & c_0 \end{bmatrix}\begin{bmatrix} \dot{x}_\mathrm{c} \\ \dot{x}_0 \end{bmatrix}+\begin{bmatrix} k_\mathrm{c} & 0 \\ 0 & k_0 \end{bmatrix}\begin{bmatrix} x_\mathrm{c} \\ x_0 \end{bmatrix}=-\begin{bmatrix} m_\mathrm{c} \\ m_\mathrm{c}+m_0 \end{bmatrix}\ddot{x}_\mathrm{g} \qquad (3.1)$$

$$m_\mathrm{c}\ddot{x}_\mathrm{c}+c_\mathrm{c}\dot{x}_\mathrm{c}+k_\mathrm{c}x_\mathrm{c}=-(m_\mathrm{c}+m_0)\ddot{x}_\mathrm{g} \qquad (3.2)$$

当已知隔震频率 ω_0 时，图中的 k_0 和 c_0 可由下式确定：

$$k_0=\omega_0^2(m_\mathrm{c}+m_0) \qquad (3.3)$$

$$c_0=2\xi_0\omega_0(m_\mathrm{c}+m_0) \qquad (3.4)$$

储罐基底剪力：

$$Q=-m_\mathrm{c}(\ddot{x}_\mathrm{c}+\ddot{x}_0+\ddot{x}_\mathrm{g})-m_0(\ddot{x}_\mathrm{g}+\ddot{x}_0) \qquad (3.5\mathrm{a})$$

储罐基底弯矩：

$$M=-m_\mathrm{c}H_\mathrm{c}(\ddot{x}_\mathrm{c}+\ddot{x}_0+\ddot{x}_\mathrm{g})-m_0H_0(\ddot{x}_\mathrm{g}+\ddot{x}_0) \qquad (3.5\mathrm{b})$$

储罐晃动波高：

$$h_v=0.837R\frac{\ddot{x}_0(t)+\ddot{x}_\mathrm{g}(t)+\ddot{x}_\mathrm{c}(t)}{g} \qquad (3.5\mathrm{c})$$

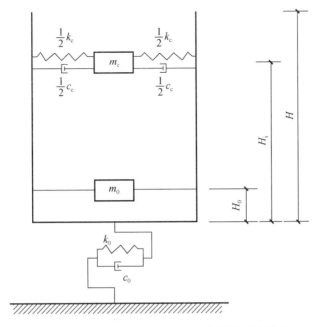

图 3.1　无桩土 LNG 单容罐隔震分析简化力学模型

3.1.2　桩土 LNG 单容罐隔震基本理论

桩土 LNG 单容罐的简化模型如图 3.2 所示，桩土水平等效刚度 k_H 由桩基层层刚度 k_z 和隔振装置刚度 k_0 串联组成，等效阻尼 c_H 由桩基层层阻尼 c_z 和隔振装置阻尼 c_0 串联组成。其余部分参数及意义与 3.1.1 节相同，此处不再赘述。

桩土 LNG 单容罐的隔震力学方程式为

$$\begin{bmatrix} m_c & m_c + m_0 \\ m_c & m_c + m_H \end{bmatrix}\begin{bmatrix} \ddot{x}_c \\ \ddot{x}_H \end{bmatrix} + \begin{bmatrix} c_c & 0 \\ 0 & c_H \end{bmatrix}\begin{bmatrix} \dot{x}_c \\ \dot{x}_H \end{bmatrix} + \begin{bmatrix} k_c & 0 \\ 0 & k_H \end{bmatrix}\begin{bmatrix} x_c \\ x_H \end{bmatrix} = -\begin{bmatrix} m_c \\ m_c + m_0 \end{bmatrix}\ddot{x}_g \quad (3.6)$$

其中

$$\frac{1}{k_H} = \frac{1}{k_z} + \frac{1}{k_0}, \quad \frac{1}{c_H} = \frac{1}{c_z} + \frac{1}{c_0}$$

储罐基底剪力：

$$Q = -m_c(\ddot{x}_c + \ddot{x}_H + \ddot{x}_g) - m_0(\ddot{x}_g + \ddot{x}_H) \quad (3.7a)$$

储罐基底弯矩：

$$M = -m_c H_c\left(\ddot{x}_c + \ddot{x}_H + \ddot{x}_g\right) - m_0 H_0\left(\ddot{x}_H + \ddot{x}_g\right) \quad (3.7b)$$

晃动波高：

$$h_v = 0.837R\frac{\ddot{x}_H(t) + \ddot{x}_g(t) + \ddot{x}_c(t)}{g} \quad (3.7c)$$

其中桩土参数计算方法与第二章相同。

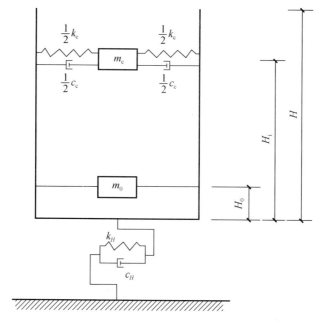

图 3.2　桩土 LNG 单容罐隔震分析简化力学模型

3.2　LNG 全容罐隔震设计基本理论

3.2.1　无桩土 LNG 全容罐隔震设计基本理论

1. 水平地震激励下外罐基础隔震基本理论

LNG 储罐外罐等效模型如图 3.3 所示，其质量与周期等相关推导见第二章。

2. 水平地震激励下内罐基础隔震基本理论

与第二章相同，考虑内罐液体的对流运动、液固耦联弹性振动和刚性运动，并假定液体为无旋、无黏、不可压缩的理想流体，基底为隔震支撑，地面运动为 $\ddot{x}_g(t)$，内罐的几何坐标系如图 3.4 所示。

在上述基本假定条件下，储液的速度势 Φ 应满足如下的拉普拉斯方程和边界条件[2-4]：

$$\frac{\partial^2 \Phi}{\partial r^2} + \frac{1}{r}\frac{\partial \Phi}{\partial r} + \frac{1}{r^2}\frac{\partial^2 \Phi}{\partial \theta^2} + \frac{\partial^2 \Phi}{\partial z^2} = 0 \tag{3.8}$$

$$\left.\frac{\partial \Phi}{\partial \theta}\right|_{\theta=0,\pi} = 0 \tag{3.9a}$$

$$\left.\frac{\partial \Phi}{\partial r}\right|_{r=R} = \left[\dot{x}_0(t) + \dot{x}_g(t) + \dot{w}(z,t)\right]\cos\theta \tag{3.9b}$$

$$\frac{\partial \Phi}{\partial z}\bigg|_{z=0} = 0 \qquad (3.9c)$$

$$\frac{\partial \Phi}{\partial t}\bigg|_{Z=H_w} + gh_v = 0 \qquad (3.9d)$$

式中：Φ 为 r、θ、z、t 的函数；h_v 为液体自由表面方程；$\dot{x}_g(t)$ 为水平方向地震激励；$\dot{x}_0(t)$ 为水平地震激励产生的隔震层速度；$\dot{w}(z,t)$ 为水平地震激励下，当 $\cos\theta = 1$ 时的罐壁径向速度。

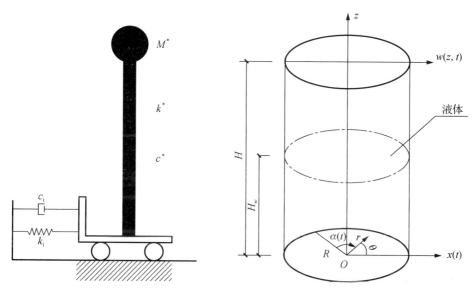

图 3.3 LNG 储罐外罐等效模型   图 3.4 内罐几何坐标系统

将液体的总速度势分解为刚性脉冲速度势 φ_1、对流晃动速度势 φ_2、柔性脉冲速度势 φ_3，则总的速度势为

$$\Phi = \varphi_1 + \varphi_2 + \varphi_3 \qquad (3.10)$$

取刚性脉冲速度势为

$$\varphi_1(r,\theta,z,t) = r\left[\dot{x}_0(t) + \dot{x}_g(t)\right]\cos\theta \qquad (3.11)$$

对流晃动速度势为

$$\varphi_2(r,\theta,z,t) = \sum_{n=1}^{\infty} \frac{2R\dot{q}_n(t)}{(\sigma_n^2 - 1)J_1(\sigma_n)} \frac{\mathrm{ch}\left(\sigma_n \dfrac{z}{R}\right)}{\mathrm{ch}\left(\sigma_n \dfrac{H_w}{R}\right)} J_1\left(\sigma_n \frac{r}{R}\right)\cos\theta \qquad (3.12)$$

柔性脉冲速度势为

$$\varphi_3 = \sum_{n=1}^{\infty} \dot{w}(t) \frac{2I_1(\lambda_n r)\cos(\lambda_n z)\cos\theta}{\lambda_n H_w I_1'(\lambda_n R)} k_n \qquad (3.13)$$

由作用于储罐侧壁上的液动压力 $P(R,\theta,z,t) = -\rho \dfrac{\partial \Phi}{\partial t}\bigg|_{r=R}$ 引起的基底剪力和罐

壁基底弯矩，同时将罐壁运动 $w(t)$ 转化为罐液耦合系统的运动，则有

$$Q(t) = -m_0 \left[\ddot{x}_0(t) + \ddot{x}_g(t) \right] - m_i \left[\ddot{x}_0(t) + \ddot{x}_g(t) + \ddot{x}_i(t) \right]$$
$$- m_c \left[\ddot{x}_0(t) + \ddot{x}_g(t) + \ddot{x}_c(t) \right] \tag{3.14}$$

$$M(t) = -m_0 H_0 \left[\ddot{x}_0(t) + \ddot{x}_g(t) \right] - m_i H_i \left[\ddot{x}_0(t) + \ddot{x}_g(t) + \ddot{x}_i(t) \right]$$
$$- m_c H_c \left[\ddot{x}_0(t) + \ddot{x}_g(t) + \ddot{x}_c(t) \right] \tag{3.15a}$$

由作用于储罐底板上的液动压力 $P(R,\theta,z,t) = -\rho \dfrac{\partial \Phi}{\partial t}\bigg|_{z=0}$ 引起的基底弯矩与储

罐侧壁上的液动压力 $P(R,\theta,z,t) = -\rho \dfrac{\partial \Phi}{\partial t}\bigg|_{r=R}$ 引起的基底弯矩叠加得总基底弯矩为

$$M_t = -m_0 H_0' [\ddot{x}_0(t) + \ddot{x}_g(t)] - m_i H_i' [\ddot{x}_0(t) + \ddot{x}_g(t) + \ddot{x}_i(t)]$$
$$- m_c H_c [\ddot{x}_0(t) + \ddot{x}_g(t) + \ddot{x}_c(t)] \tag{3.15b}$$

式中各质点等效质量和高度计算方法见第二章。

式（3.15）和式（3.16）可以简化为如图 3.5 所示的简化力学模型。将罐内液体质量简化为对流质量 m_c、柔性脉冲质量 m_i 和刚性脉冲质量 m_0；等效高度分别

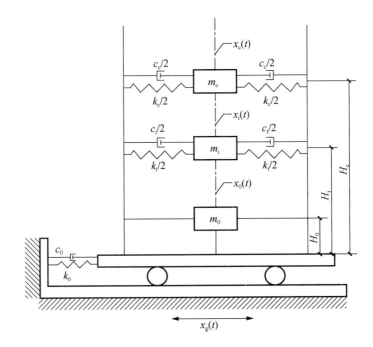

图 3.5　内罐基础隔震简化力学模型

为 H_c、H_i 和 H_0；对流和柔性脉冲质量由等效弹簧刚度 k_c、k_i 及阻尼常数 c_c、c_i 与罐壁连接。隔震层刚度和阻尼分别为 k_0 和 c_0。隔震层刚性脉冲位移、柔性脉冲位移、对流晃动位移和地面运动位移分别为 $x_0(t)$、$x_i(t)$、$x_c(t)$ 和 $x_g(t)$。

将图 3.3 和图 3.5 合并，可得 LNG 储罐基础隔震简化分析力学模型，见图 3.6[5]。

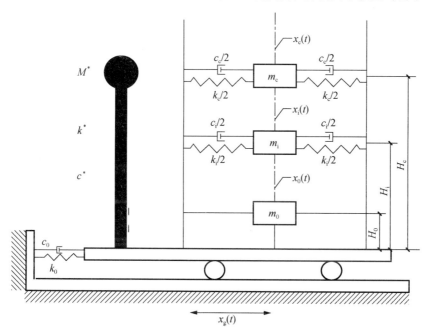

图 3.6　LNG 储罐基础隔震简化分析力学模型

根据结构动力学中的哈密顿原理：

$$\delta \int_{t_1}^{t_2} (T - V)\mathrm{d}t + \int_{t_1}^{t_2} \delta W_{nc}\mathrm{d}t = 0 \qquad (3.16)$$

式中：T、V 分别为系统的动能和势能；W_{nc} 为非保守力所做的功。

针对图 3.6 简化分析力学模型，有

$$T = \frac{1}{2}M^*[\dot{x}_g(t) + \dot{x}_0(t) + \dot{x}^*(t)]^2 + \frac{1}{2}m_0[\dot{x}_0(t) + \dot{x}_g(t)]^2$$

$$+ \frac{1}{2}m_i[\dot{x}_0(t) + \dot{x}_g(t) + \dot{x}_i(t)]^2 + \frac{1}{2}m_c[\dot{x}_0(t) + \dot{x}_g(t) + \dot{x}_c(t)]^2 \qquad (3.17a)$$

$$V = \frac{1}{2}k_c x_c^2 + \frac{1}{2}k_i x_i^2 + \frac{1}{2}k_0 x_0^2 + \frac{1}{2}k^* x^{*2} \qquad (3.17b)$$

$$\delta W_{nc} = -c_c \dot{x}_c \delta x_c - c_i \dot{x}_i \delta x_i - c_0 \dot{x}_0 \delta x_0 - c^* \dot{x}^* \delta x^* \qquad (3.17c)$$

将式（3.17）代入式（3.16），整理得

$$
\begin{bmatrix}
M^* & 0 & 0 & M^* \\
0 & m_c & 0 & m_c \\
0 & 0 & m_i & m_i \\
M^* & m_c & m_i & M^*+m_c+m_i+m_{0b}
\end{bmatrix}
\begin{bmatrix}
\ddot{x}^* \\ \ddot{x}_c \\ \ddot{x}_i \\ \ddot{x}_0
\end{bmatrix}
+
\begin{bmatrix}
c^* & & & \\
& c_c & & \\
& & c_i & \\
& & & c_0
\end{bmatrix}
\begin{bmatrix}
\dot{x}^* \\ \dot{x}_c \\ \dot{x}_i \\ \dot{x}_0
\end{bmatrix}
$$

$$
+
\begin{bmatrix}
k^* & & & \\
& k_c & & \\
& & k_i & \\
& & & k_0
\end{bmatrix}
\begin{bmatrix}
x^* \\ x_c \\ x_i \\ x_0
\end{bmatrix}
= -
\begin{bmatrix}
M^* \\ m_c \\ m_i \\ M^*+m_c+m_i+m_{0b}
\end{bmatrix}
\ddot{x}_g
\tag{3.18}
$$

各部分参数的计算方法与第二章相同。

用于内罐设计的剪力：

$$
\begin{aligned}
Q_s = &-m_0[\ddot{x}_0(t)+\ddot{x}_g(t)] - m_i[\ddot{x}_0(t)+\ddot{x}_g(t)+\ddot{x}_i(t)] \\
&- m_c[\ddot{x}_0(t)+\ddot{x}_g(t)+\ddot{x}_c(t)]
\end{aligned}
\tag{3.19a}
$$

用于基础设计的总剪力：

$$
\begin{aligned}
Q_t = &-M^*[\ddot{x}_0(t)+\ddot{x}_g(t)+\ddot{x}^*(t)] - m_0[\ddot{x}_0(t)+\ddot{x}_g(t)] \\
&- m_i[\ddot{x}_0(t)+\ddot{x}_g(t)+\ddot{x}_i(t)] - m_c[\ddot{x}_0(t)+\ddot{x}_g(t)+\ddot{x}_c(t)]
\end{aligned}
\tag{3.19b}
$$

用于内罐设计的罐壁基底弯矩：

$$
\begin{aligned}
M_s = &-m_0 H_0[\ddot{x}_0(t)+\ddot{x}_g(t)] - m_i H_i[\ddot{x}_0(t)+\ddot{x}_g(t)+\ddot{x}_i(t)] \\
&- m_c H_c[\ddot{x}_0(t)+\ddot{x}_g(t)+\ddot{x}_c(t)]
\end{aligned}
\tag{3.19c}
$$

用于基础设计的总基底弯矩：

$$
\begin{aligned}
M_t = &-M^* H[\ddot{x}_0(t)+\ddot{x}_g(t)+\ddot{x}^*(t)] - m_0 H_0[\ddot{x}_0(t)+\ddot{x}_g(t)] \\
&- m_i H_i[\ddot{x}_0(t)+\ddot{x}_g(t)+\ddot{x}_i(t)] - m_c H_c[\ddot{x}_0(t)+\ddot{x}_g(t)+\ddot{x}_c(t)]
\end{aligned}
\tag{3.19d}
$$

晃动波高：

$$
h_v = 0.837 R \frac{\ddot{x}_0(t)+\ddot{x}_g(t)+\ddot{x}_c(t)}{g}
\tag{3.19e}
$$

3.2.2 土与 LNG 储罐相互作用隔震设计基本理论

参照第二章土与 LNG 储罐相互作用基本理论，有如下简化力学模型。

1. 不考虑土体扭转效应的隔震简化力学模型

考虑桩土的水平作用，忽略土体扭转，桩土水平等效刚度和水平等效阻尼分别为 k_H、c_H，其简化力学模型如图 3.7 所示。

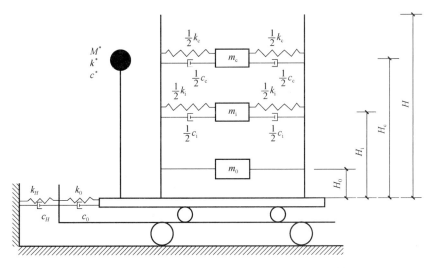

图 3.7　不考虑土体扭转效应的 LNG 储罐简化力学模型

其运动控制方程为

$$
\begin{bmatrix}
M^* & 0 & M^* & M^* & M^* \\
0 & m_c & 0 & m_c & m_c \\
0 & 0 & m_i & m_i & m_i \\
M^* & m_c & m_i & M^*+m_c+m_i+m_0 & M^*+m_c+m_i+m_0 \\
M^* & m_c & m_i & M^*+m_c+m_i+m_0 & M^*+m_c+m_i+m_0
\end{bmatrix}
\begin{bmatrix}
\ddot{x}^* \\
\ddot{x}_c \\
\ddot{x}_i \\
\ddot{x}_0 \\
\ddot{x}_H
\end{bmatrix}
$$

$$
+
\begin{bmatrix}
c^* & & & & \\
& c_c & & & \\
& & c_i & & \\
& & & c_0 & \\
& & & & c_H
\end{bmatrix}
\begin{bmatrix}
\dot{x}^* \\
\dot{x}_c \\
\dot{x}_i \\
\dot{x}_0 \\
\dot{x}_H
\end{bmatrix}
+
\begin{bmatrix}
k^* & & & & \\
& k_c & & & \\
& & k_i & & \\
& & & k_0 & \\
& & & & k_H
\end{bmatrix}
\begin{bmatrix}
x^* \\
x_c \\
x_i \\
x_0 \\
x_H
\end{bmatrix}
= -
\begin{bmatrix}
M^* \\
m_c \\
m_i \\
M^*+m_c+m_i+m_0 \\
M^*+m_c+m_i+m_0
\end{bmatrix}
\ddot{x}_g
$$

（3.20）

用于内罐设计的剪力：

$$Q_s = -m_0[\ddot{x}_0(t)+\ddot{x}_H(t)+\ddot{x}_g(t)] - m_i[\ddot{x}_0(t)+\ddot{x}_H(t)+\ddot{x}_g(t)+\ddot{x}_i(t)]$$
$$- m_c[\ddot{x}_0(t)+\ddot{x}_H(t)+\ddot{x}_g(t)+\ddot{x}_c(t)] \tag{3.21a}$$

用于基础设计的总剪力：

$$Q_t = -M^*[\ddot{x}_0(t)+\ddot{x}_H(t)+\ddot{x}_g(t)+\ddot{x}^*(t)] - m_0[\ddot{x}_0(t)+\ddot{x}_H(t)+\ddot{x}_g(t)]$$
$$- m_i[\ddot{x}_0(t)+\ddot{x}_H(t)+\ddot{x}_g(t)+\ddot{x}_i(t)] - m_c[\ddot{x}_0(t)+\ddot{x}_H(t)+\ddot{x}_g(t)+\ddot{x}_c(t)] \tag{3.21b}$$

用于内罐设计的罐壁基底弯矩：

$$M_s = -m_0 H_0[\ddot{x}_0(t)+\ddot{x}_H(t)+\ddot{x}_g(t)] - m_i H_i[\ddot{x}_0(t)+\ddot{x}_H(t)+\ddot{x}_g(t)+\ddot{x}_i(t)]$$
$$- m_c H_c[\ddot{x}_0(t)+\ddot{x}_H(t)+\ddot{x}_g(t)+\ddot{x}_c(t)] \tag{3.21c}$$

用于基础设计的总基底弯矩：

$$M_t = -M^* H[\ddot{x}_0(t) + \ddot{x}_H(t) + \ddot{x}_g(t) + \ddot{x}^*(t)] - m_0 H_0 [\ddot{x}_0(t) + \ddot{x}_H(t) + \ddot{x}_g(t)]$$

$$- m_i H_i [\ddot{x}_0(t) + \ddot{x}_H(t) + \ddot{x}_g(t) + \ddot{x}_i(t)] - m_c H_c [\ddot{x}_0(t) + \ddot{x}_H(t) + \ddot{x}_g(t) + \ddot{x}_c(t)] \quad （3.21d）$$

晃动波高：

$$h_v = 0.837 R \frac{\ddot{x}_0(t) + \ddot{x}_H(t) + \ddot{x}_g(t) + \ddot{x}_c(t)}{g} \quad （3.21e）$$

2. 考虑土体扭转效应的隔震简化力学模型

考虑桩土的水平移动和扭转后，其简化力学模型如图 3.8 所示，其运动方程见式（3.22）。

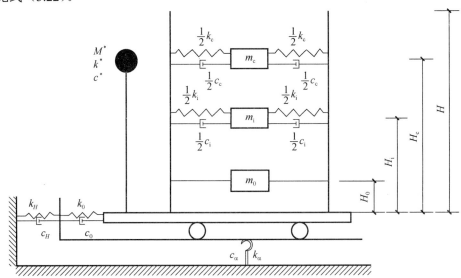

图 3.8　考虑土体扭转效应的 LNG 储罐简化力学模型

$$
\begin{bmatrix}
M^* & 0 & 0 & M^* & M^* & M^*H \\
m_c & 0 & 0 & m_c & m_c & m_cH_c \\
0 & 0 & m_i & m_i & 0 & m_iH_i \\
M^* & m_c & m_i & M^*+m_c+m_i+m_0 & M^*+m_c+m_i+m_0 & M^*H+m_cH_c+m_iH_i+m_0H_0 \\
M^* & m_c & m_i & M^*+m_c+m_i+m_0 & M^*+m_c+m_i+m_0 & M^*H+m_cH_c+m_iH_i+m_0H_0 \\
M^*H & m_cH_c & m_iH_i & M^*H+m_cH_c+m_iH_i+m_0H_0 & M^*H+m_cH_c+m_iH_i+m_0H_0 & M^*H^2+m_cH_c^2+m_iH_i^2+m_0H_0^2+I_0
\end{bmatrix}
\begin{bmatrix}
\ddot{x}^* \\ \ddot{x}_c \\ \ddot{x}_i \\ \ddot{x}_0 \\ \ddot{x}_H \\ \ddot{\alpha}
\end{bmatrix}
$$

$$
+
\begin{bmatrix}
c^* & & & & & \\
& c_c & & & & \\
& & c_i & & & \\
& & & c_0 & & \\
& & & & c_H & \\
& & & & & c_\alpha
\end{bmatrix}
\begin{bmatrix}
\dot{x}^* \\ \dot{x}_c \\ \dot{x}_i \\ \dot{x}_0 \\ \dot{x}_H \\ \dot{\alpha}
\end{bmatrix}
+
\begin{bmatrix}
k^* & & & & & \\
& k_c & & & & \\
& & k_i & & & \\
& & & k_0 & & \\
& & & & k_H & \\
& & & & & k_\alpha
\end{bmatrix}
\begin{bmatrix}
x^* \\ x_c \\ x_i \\ x_0 \\ x_H \\ \alpha
\end{bmatrix}
= -
\begin{bmatrix}
M^* \\
m_c \\
m_i \\
M^*+m_c+m_i+m_0 \\
M^*+m_c+m_i+m_0 \\
M^*H+m_cH_c+m_iH_i+m_0H_0
\end{bmatrix}
\ddot{x}_g
$$

$$（3.22）$$

式中：I_0 为罐体绕中心的转动惯量；其他参数见 2.2 节。

用于内罐设计的剪力：

$$Q_s = -m_c \left[\ddot{x}_c(t) + \ddot{x}_0(t) + \ddot{x}_H(t) + h_c \ddot{\alpha}(t) + \ddot{x}_g(t) \right]$$
$$- m_i \left[\ddot{x}_i(t) + \ddot{x}_0(t) + \ddot{x}_H(t) + h_i \ddot{\alpha}(t) + \ddot{x}_g(t) \right]$$
$$- m_0 \left[\ddot{x}_0(t) + \ddot{x}_H(t) + h_0 \ddot{\alpha}(t) + \ddot{x}_g(t) \right] \tag{3.23a}$$

用于基础设计的总剪力：

$$Q_t = -m_c \left[\ddot{x}_c(t) + \ddot{x}_0(t) + \ddot{x}_H(t) + h_c \ddot{\alpha}(t) + \ddot{x}_g(t) \right]$$
$$- m_i \left[\ddot{x}_i(t) + \ddot{x}_0(t) + \ddot{x}_H(t) + h_i \ddot{\alpha}(t) + \ddot{x}_g(t) \right]$$
$$- m_0 \left[\ddot{x}_0(t) + \ddot{x}_H(t) + h_0 \ddot{\alpha}(t) + \ddot{x}_g(t) \right] \tag{3.23b}$$

用于内罐设计的罐壁基底弯矩：

$$M(t) = -m_c h_c \left[\ddot{x}_c(t) + \ddot{x}_0(t) + \ddot{x}_H(t) + h_c \ddot{\alpha}(t) + \ddot{x}_g(t) \right]$$
$$- m_i h_i \left[\ddot{x}_i(t) + \ddot{x}_0(t) + \ddot{x}_H(t) + h_i \ddot{\alpha}(t) + \ddot{x}_g(t) \right]$$
$$- m_0 h_0 \left[\ddot{x}_0(t) + \ddot{x}_H(t) + h_0 \ddot{\alpha}(t) + \ddot{x}_g(t) \right] \tag{3.23c}$$

用于基础设计的总基底弯矩：

$$M(t) = -m_c h_c \left[\ddot{x}_c(t) + \ddot{x}_0(t) + \ddot{x}_H(t) + h_c \ddot{\alpha}(t) + \ddot{x}_g(t) \right]$$
$$- m_i h_i \left[\ddot{x}_i(t) + \ddot{x}_0(t) + \ddot{x}_H(t) + h_i \ddot{\alpha}(t) + \ddot{x}_g(t) \right]$$
$$- m_0 h_0 \left[\ddot{x}_0(t) + \ddot{x}_H(t) + h_0 \ddot{\alpha}(t) + \ddot{x}_g(t) \right] \tag{3.23d}$$

晃动波高：

$$h_v = 0.837 R \frac{\ddot{x}_0(t) + \ddot{x}_g(t) + \ddot{x}_c(t)}{g} \tag{3.23e}$$

3.2.3　桩土 LNG 储罐隔震设计理论

桩土 LNG 隔震储罐可选用 3.2.2 节所介绍的简化力学模型，将隔震层与桩土分别简化为串联的弹簧-阻尼器单元，采用第二章介绍的方法计算桩土的等效刚度、阻尼系数，隔震层参数计算方法上述也有介绍。但本章提出一种更为简化的力学模型，将桩土与隔震层整体简化为弹簧-阻尼器单元，如图 3.9 所示。水平等效刚度 k_H 由桩基层层刚度 k_z 和隔振装置刚度 k_0 串联组成，隔震层等效阻尼 c_H 由桩基层层阻尼 c_z 和隔振装置阻尼 c_0 串联组成，桩土参数在 2.2.3 节中有详细介绍，隔震层参数见本书第五章的式（5.1）和式（5.2）。刚性质点位移、外罐等效质点位移、对流晃动位移、液固耦联位移、地面运动位移分别为 $x_H(t)$、$x^*(t)$、$x_c(t)$、$x_i(t)$ 和 $x_g(t)$。一般认为，刚性质点位移与桩土隔震层位移一致，其动力学分析方程为

$$
\begin{bmatrix}
M^* & 0 & 0 & M^* \\
0 & m_c & 0 & m_c \\
0 & 0 & m_i & m_i \\
M^* & m_c & m_i & M^* + m_c + m_i + m_{0b}
\end{bmatrix}
\begin{bmatrix}
\ddot{x}^* \\
\ddot{x}_c \\
\ddot{x}_i \\
\ddot{x}_H
\end{bmatrix}
+
\begin{bmatrix}
c^* & & & \\
& c_c & & \\
& & c_i & \\
& & & c_H
\end{bmatrix}
\begin{bmatrix}
\dot{x}^* \\
\dot{x}_c \\
\dot{x}_i \\
\dot{x}_H
\end{bmatrix}
$$

$$
+
\begin{bmatrix}
k^* & & & \\
& k_c & & \\
& & k_i & \\
& & & k_H
\end{bmatrix}
\begin{bmatrix}
x^* \\
x_c \\
x_i \\
x_H
\end{bmatrix}
= -
\begin{bmatrix}
M^* & & & \\
& m_c & & \\
& & m_i & \\
& & & M^* + m_c + m_i + m_{0b}
\end{bmatrix}
\ddot{x}_g
\qquad (3.24)
$$

其中

$$
\frac{1}{k_H} = \frac{1}{k_z} + \frac{1}{k_0}, \quad \frac{1}{c_H} = \frac{1}{c_z} + \frac{1}{c_0}
$$

式中桩土隔震层水平等效刚度、水平等效阻尼按照上述方法计算。

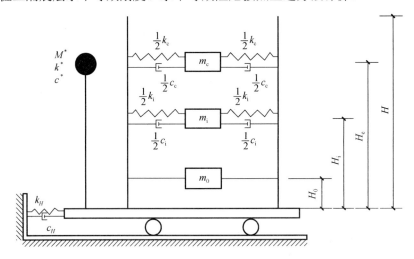

图 3.9　桩土 LNG 全容储罐隔震分析简化力学模型

用于内罐设计的剪力为

$$
Q_s = -m_0[\ddot{x}_H(t) + \ddot{x}_g(t)] - m_i[\ddot{x}_H(t) + \ddot{x}_g(t) + \ddot{x}_i(t)]
$$
$$
- m_c[\ddot{x}_H(t) + \ddot{x}_g(t) + \ddot{x}_c(t)]
\qquad (3.25a)
$$

用于基础设计的总剪力为

$$
Q_t = -M^*[\ddot{x}_H(t) + \ddot{x}_g(t) + \ddot{x}^*(t)] - m_0[\ddot{x}_H(t) + \ddot{x}_g(t)]
$$
$$
- m_i[\ddot{x}_H(t) + \ddot{x}_g(t) + \ddot{x}_i(t)] - m_c[\ddot{x}_H(t) + \ddot{x}_g(t) + \ddot{x}_c(t)]
\qquad (3.25b)
$$

用于内罐设计的罐壁基底弯矩为

$$
M_s = -m_0 H_0[\ddot{x}_H(t) + \ddot{x}_g(t)] - m_i H_i[\ddot{x}_H(t) + \ddot{x}_g(t) + \ddot{x}_i(t)]
$$
$$
- m_c H_c[\ddot{x}_H(t) + \ddot{x}_g(t) + \ddot{x}_c(t)]
\qquad (3.25c)
$$

用于基础设计的总基底弯矩为

$$M_t = -M^* H[\ddot{x}_H(t) + \ddot{x}_g(t) + \ddot{x}^*(t)] - m_0 H_0'[\ddot{x}_H(t) + \ddot{x}_g(t)]$$

$$- m_i H_i'[\ddot{x}_H(t) + \ddot{x}_g(t) + \ddot{x}_i(t)] - m_c H_c[\ddot{x}_H(t) + \ddot{x}_g(t) + \ddot{x}_c(t)] \quad (3.25d)$$

晃动波高为

$$h_v = 0.837 R \frac{\ddot{x}_H(t) + \ddot{x}_g(t) + \ddot{x}_c(t)}{g} \quad (3.25e)$$

3.3 时程算例分析

对于隔震储罐，地震响应会受到地震烈度、场地类别与隔震层参数等因素的影响。下面以 $16 \times 10^4 m^3$ 的 LNG 储罐为例，对于刚性地基储罐，按 Ⅰ～Ⅳ 类场地选取峰值加速度 PGA（peak ground acceleration）=0.34g 的水平向地震波，通过变换不同的隔震层参数计算储罐的地震响应，通过对比分析为实际工程给出适当建议。对于考虑土与储罐相互作用系统的地震响应，以Ⅲ类场地为例选择四条地表地震波并配以三条基岩波进行变隔震层参数计算分析，对比刚性地基储罐和考虑土与储罐相互作用响应的不同、对比地表波与基岩波对储罐作用效应的不同。对于桩土隔震储罐，选用基岩波计算不同加速度峰值和隔震层参数下及结构体系的地震响应，对比隔震层参数对桩土 LNG 储罐的影响。

1. 无桩土 LNG 储罐隔震响应计算

计算 T=2s，ξ =0.02～0.4 和 ξ =0.2，T=1～4s 时无桩土 LNG 储罐的地震响应，计算结果见表 3.1～表 3.9。部分波对应隔震响应时程曲线如图 3.10～图 3.29 所示。

表 3.1 T=2s，ξ =0.02 时刚性地基储罐隔震响应

场地类型	地震波名称	内罐剪力/(10^8N)	总剪力/(10^8N)	内罐弯矩/(10^9N·m)	总弯矩/(10^9N·m)
Ⅰ类场地	金门公园波	0.28	0.36	0.37	0.90
	CPM_CAPE MENDOCINO	0.49	0.63	0.53	1.62
	SUPERSTITION MOUNTAIN	0.54	0.73	0.57	1.85
	TH Ⅰ 1	0.45	0.54	0.54	1.41
	TH Ⅰ 2	0.74	0.95	0.84	2.42
	人工波 Ⅰ 1	0.95	1.27	1.05	3.24
	人工波 Ⅰ 2	0.90	1.15	1.11	2.93

续表

场地类型	地震波名称	内罐剪力/ (10^8N)	总剪力/ (10^8N)	内罐弯矩/ (10^9N·m)	总弯矩/ (10^9N·m)
II 类场地	TH II 1	0.42	0.62	0.66	1.55
	兰州波	1.81	2.34	1.91	5.99
	唐山北京饭店波	4.19	5.40	4.46	13.80
	TAR	1.34	1.97	2.67	4.84
	TH II 2	1.14	1.15	1.29	3.63
	人工波 II 1	1.96	2.56	2.04	6.53
	人工波 II 2	1.43	1.78	1.76	4.63
III 类场地	CPC_TOPANGA CANYON	1.96	2.50	2.12	6.41
	LWD_DEL AMO BLVD	1.24	1.62	1.28	4.15
	EMC_FAIRVIEW AVE	0.45	0.59	0.50	1.51
	PEL	0.70	0.92	0.77	2.35
	El Centro	1.19	1.55	1.32	3.96
	人工波 III 1	1.68	2.16	1.92	5.55
	人工波 III 2	1.33	1.69	1.50	4.30
IV 类场地	TRI_TREASURE ISLAND	3.71	4.86	3.87	12.42
	天津波	4.32	5.63	4.44	14.41
	Pasadena	2.52	3.24	2.69	8.30
	上海波	4.22	5.46	4.49	13.99
	TH IV 1	1.19	1.55	1.32	3.96
	人工波 IV 1	4.54	5.79	5.00	14.85
	人工波 IV 2	2.00	2.61	2.15	6.77

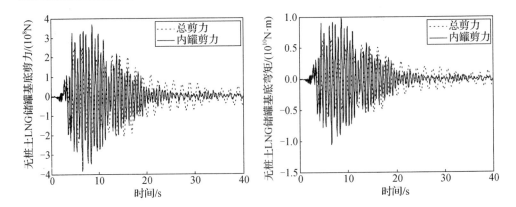

图 3.10　CPC_TOPANGA CANYON 隔震响应时程曲线

表 3.2　T=2s，ξ =0.05 时刚性地基储罐隔震响应

场地类型	地震波名称	内罐剪力/ (10^8N)	总剪力/ (10^8N)	内罐弯矩/ (10^9N·m)	总弯矩/ (10^9N·m)
I 类场地	金门公园波	0.23	0.31	0.31	0.79
	CPM_CAPE MENDOCINO	0.41	0.52	0.46	1.33
	SUPERSTITION MOUNTAIN	0.44	0.58	0.48	1.48
	TH I 1	0.35	0.49	0.44	1.27
	TH I 2	0.69	0.84	0.81	2.18
	人工波 I 1	0.80	1.05	0.92	2.68
	人工波 I 2	0.69	0.87	0.84	2.22
II 类场地	TH II 1	0.40	0.57	0.60	1.41
	兰州波	1.20	1.51	1.35	3.89
	唐山北京饭店波	3.89	4.99	4.15	12.80
	TAR	1.32	1.93	2.57	4.77
	TH II 2	0.81	1.11	0.95	2.88
	人工波 II 1	1.26	1.67	1.37	4.26
	人工波 II 2	1.05	1.36	1.37	3.50
III 类场地	CPC_TOPANGA CANYON	1.64	2.11	1.75	5.41
	LWD_DEL AMO BLVD	0.92	1.20	0.95	3.06
	EMC_FAIRVIEW AVE	0.33	0.43	0.48	1.10
	PEL	0.53	0.69	0.62	1.76
	El Centro	0.97	1.22	1.07	3.15
	人工波 III 1	1.36	1.80	1.50	4.55
	人工波 III 2	1.07	1.35	1.22	3.42
IV 类场地	TRI_TREASURE ISLAND	3.26	4.22	3.43	10.80
	天津波	3.67	4.79	3.77	1.23
	Pasadena	1.99	2.56	2.14	6.54
	上海波	3.16	4.06	3.46	10.42
	TH IV1	0.97	1.22	1.07	3.15
	人工波 IV1	3.45	4.35	3.86	11.19
	人工波 IV2	1.61	2.06	1.86	5.35

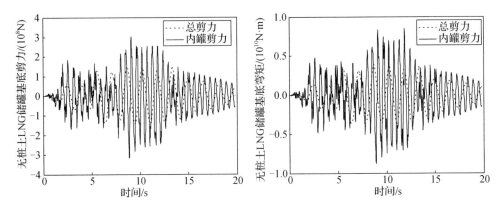

图 3.11　兰州波隔震响应时程曲线

表 3.3　T=2s，ξ=0.1 时刚性地基储罐隔震响应

场地类型	地震波名称	内罐壁基底剪力/（10^8N）	总基底剪力/（10^8N）	内罐壁基底弯矩/（10^9N·m）	总基底弯矩/（10^9N·m）
I 类场地	金门公园波	0.22	0.26	0.28	0.68
	CPM_CAPE MENDOCINO	0.38	0.48	0.43	1.25
	SUPERSTITION MOUNTAIN	0.34	0.44	0.40	1.12
	TH I 1	0.34	0.47	0.50	1.20
	TH I 2	0.66	0.81	0.78	2.11
	人工波 I 1	0.65	0.82	0.83	2.09
	人工波 I 2	0.63	0.79	0.76	1.99
II 类场地	TH II 1	0.40	0.49	0.61	1.23
	兰州波	0.82	1.05	0.95	2.68
	唐山北京饭店波	3.15	4.03	3.41	10.33
	TAR	0.14	0.21	0.30	0.52
	TH II 2	0.62	0.86	0.77	2.24
	人工波 II 1	0.96	1.22	1.08	3.13
	人工波 II 2	0.82	1.11	1.05	2.87
III 类场地	CPC_TOPANGA CANYON	1.34	1.72	1.51	4.41
	LWD_DEL AMO BLVD	0.61	0.80	0.64	2.08
	EMC_FAIRVIEW AVE	0.31	0.36	0.49	0.95

续表

场地类型	地震波名称	内罐壁基底剪力/（10⁸N）	总基底剪力/（10⁸N）	内罐壁基底弯矩/（10⁹N·m）	总基底弯矩/（10⁹N·m）
III 类场地	PEL	0.50	0.66	0.54	1.72
	El Centro	0.79	1.00	0.87	2.57
	人工波III 1	1.13	1.41	1.26	3.63
	人工波III 2	0.81	1.02	0.97	2.56
IV 类场地	TRI_TREASURE ISLAND	2.73	3.54	2.86	9.07
	天津波	3.10	4.10	3.05	10.54
	Pasadena	1.64	2.10	1.77	5.37
	上海波	2.38	3.03	2.58	7.79
	TH IV1	0.79	1.01	0.87	2.57
	人工波IV1	2.45	3.04	2.85	7.82
	人工波IV2	1.31	1.65	1.55	4.18

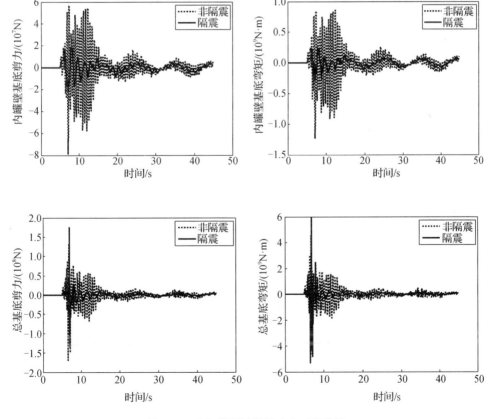

图 3.12　金门公园波隔震响应时程曲线

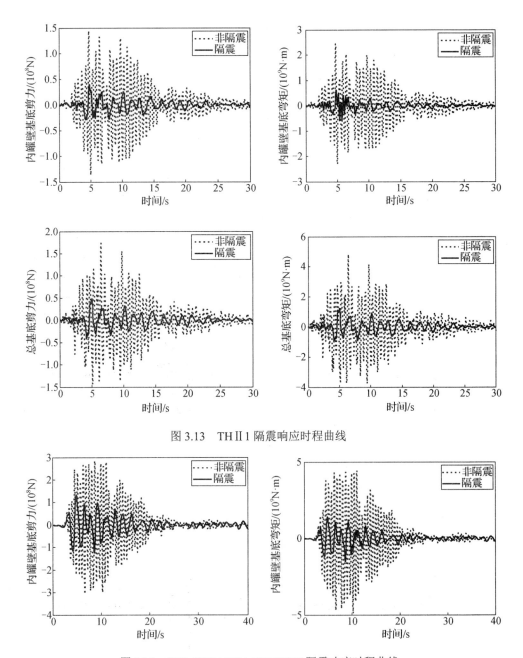

图 3.13　TH II 1 隔震响应时程曲线

图 3.14　CPC_TOPANGA CANYON 隔震响应时程曲线

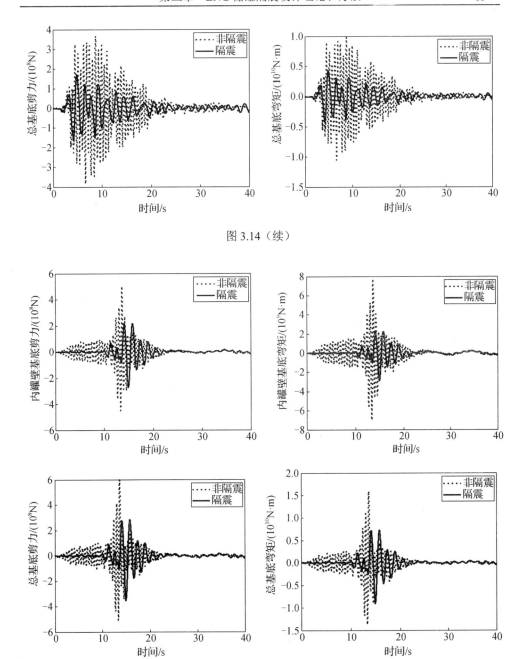

图 3.14（续）

图 3.15 TRI_TREASURE ISLAND 隔震响应时程曲线

表 3.4　T=2s，ξ=0.2 刚性地基储罐隔震响应

场地类型	地震波名称	内罐壁基底剪力/（10^8N）	总基底剪力/（10^8N）	内罐壁基底弯矩/（10^9N·m）	总基底弯矩/（10^9N·m）
I 类场地	金门公园波	0.20	0.28	0.30	0.71
	CPM_CAPE MENDOCINO	0.35	0.46	0.42	1.20
	SUPERSTITION MOUNTAIN	0.27	0.32	0.34	0.83
	TH I 1	0.34	0.42	0.63	1.08
	TH I 2	0.62	0.77	0.75	2.01
	人工波 I 1	0.50	0.69	0.81	1.79
	人工波 I 2	0.58	0.69	0.74	1.81
II 类场地	TH II 1	0.42	0.46	0.74	1.21
	兰州波	0.62	0.79	0.69	2.04
	唐山北京饭店波	2.41	3.03	2.69	7.80
	TAR	0.16	0.27	0.40	0.66
	TH II 2	0.56	0.78	0.75	1.95
	人工波 II 1	0.84	1.01	1.01	2.65
	人工波 II 2	0.69	0.95	0.83	2.43
III 类场地	CPC_TOPANGA CANYON	1.11	1.42	1.39	3.69
	LWD_DEL AMO BLVD	0.48	0.56	0.92	1.42
	EMC_FAIRVIEW AVE	0.33	0.35	0.52	0.91
	PEL	0.47	0.61	0.52	1.56
	El Centro	0.63	0.89	0.72	2.28
	人工波III 1	0.92	1.17	1.15	3.03
	人工波III 2	0.61	0.75	0.77	1.96
IV 类场地	TRI_TREASURE ISLAND	2.09	2.74	2.17	7.06
	天津波	2.58	3.42	2.55	8.79
	Pasadena	1.32	1.68	1.46	4.31
	上海波	1.85	2.34	2.04	6.02
	TH IV 1	0.63	0.89	0.72	2.28
	人工波IV 1	1.67	2.20	2.03	5.63
	人工波IV 2	1.08	1.36	1.29	3.43

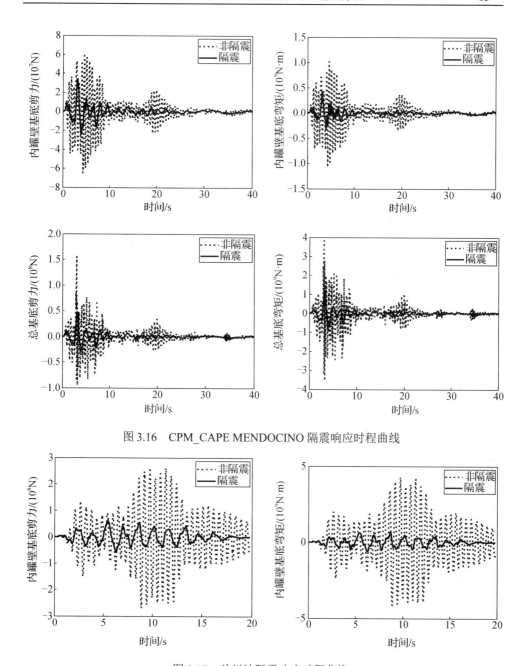

图 3.16　CPM_CAPE MENDOCINO 隔震响应时程曲线

图 3.17　兰州波隔震响应时程曲线

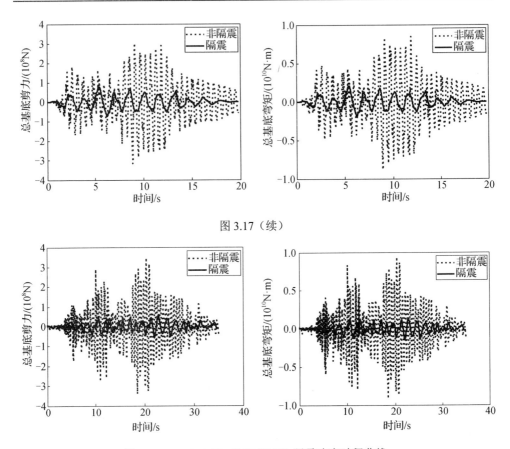

图 3.17（续）

图 3.18　LWD_DEL AMO BLVD 隔震响应时程曲线

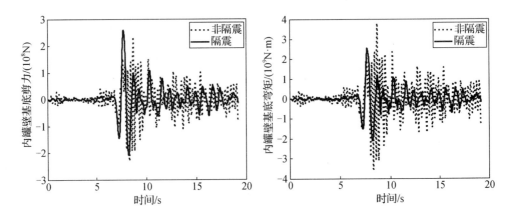

图 3.19　天津波隔震响应时程曲线

表 3.5 T=2s, ξ=0.3 时刚性地基储罐隔震响应

场地类型	地震波名称	内罐壁基底剪力/（10^8N）	总基底剪力/（10^8N）	内罐壁基底弯矩/（10^9N·m）	总基底弯矩/（10^9N·m）
I 类场地	金门公园波	0.21	0.32	0.32	0.83
	CPM_CAPE MENDOCINO	0.34	0.52	0.43	1.35
	SUPERSTITION MOUNTAIN	0.27	0.32	0.40	0.85
	TH I 1	0.67	0.88	0.83	2.31
	TH I 2	0.62	0.79	0.74	1.93
	人工波 I 1	0.46	0.68	0.81	1.78
	人工波 I 2	0.55	0.66	0.74	1.72
II 类场地	TH II 1	0.46	0.51	0.84	1.31
	兰州波	0.55	0.73	0.63	1.87
	唐山北京饭店波	2.12	2.65	2.41	6.81
	TAR	0.22	0.34	0.51	0.82
	TH II 2	0.55	0.82	0.75	2.07
	人工波 II 1	0.86	1.04	1.04	2.74
	人工波 II 2	0.67	0.88	0.83	2.31
III 类场地	CPC_TOPANGA CANYON	1.05	1.37	1.37	3.53
	LWD_DEL AMO BLVD	0.50	0.57	1.11	1.47
	EMC_FAIRVIEW AVE	0.33	0.43	0.54	1.14
	PEL	0.47	0.61	0.63	1.55
	El Centro	0.63	0.86	0.85	2.20
	人工波 III 1	0.96	1.21	1.17	3.15
	人工波 III 2	0.60	0.72	0.79	1.89
IV 类场地	TRI_TREASURE ISLAND	1.81	2.37	1.91	6.10
	天津波	2.30	3.02	2.29	7.79
	Pasadena	1.32	1.61	1.54	4.22
	上海波	1.65	2.07	1.86	5.35
	TH IV 1	0.63	0.86	0.85	2.20
	人工波 IV 1	1.44	1.87	1.73	4.78
	人工波 IV 2	1.02	1.26	1.26	3.16

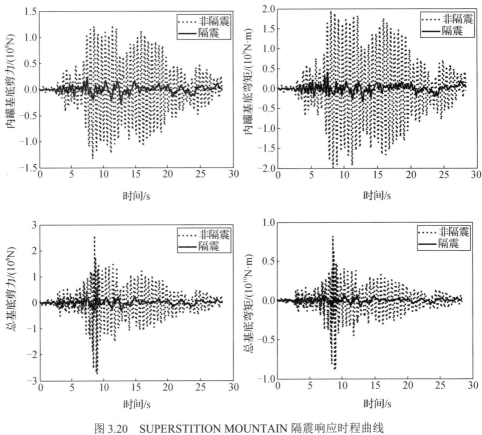

图 3.20　SUPERSTITION MOUNTAIN 隔震响应时程曲线

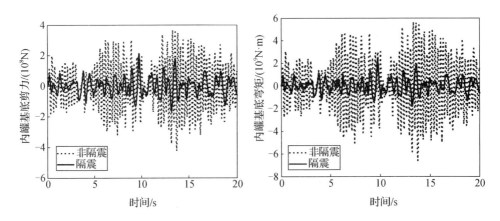

图 3.21　唐山北京饭店波隔震响应时程曲线

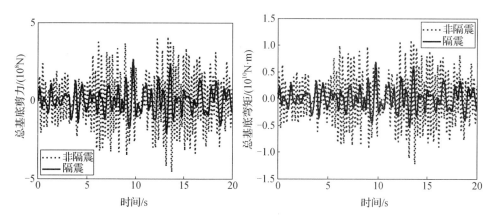

图 3.21（续）

表 3.6　T=2s，ξ=0.4 时刚性地基储罐隔震响应

场地类型	地震波名称	内罐壁基底剪力/（10^8N）	总基底剪力/（10^8N）	内罐壁基底弯矩/（10^9N·m）	总基底弯矩/（10^9N·m）
I 类场地	金门公园波	0.22	0.37	0.35	0.93
	CPM_CAPE MENDOCINO	0.35	0.56	0.44	1.47
	SUPERSTITION MOUNTAIN	0.27	0.34	0.46	0.96
	TH I 1	0.46	0.66	0.85	1.79
	TH I 2	0.65	0.88	0.73	2.19
	人工波 I 1	0.50	0.69	0.86	1.79
	人工波 I 2	0.54	0.64	0.76	1.68
II 类场地	TH II 1	0.49	0.54	0.90	1.41
	兰州波	0.54	0.71	0.63	1.82
	唐山北京饭店波	1.99	2.49	2.28	6.39
	TAR	0.28	0.39	0.62	0.96
	TH II 2	0.56	0.89	0.74	2.25
	人工波 II 1	0.86	1.05	1.03	2.75
	人工波 II 2	0.69	0.87	0.88	2.30
III 类场地	CPC_TOPANGA CANYON	1.04	1.36	1.49	3.50
	LWD_DEL AMO BLVD	0.62	0.69	1.28	1.62
	EMC_FAIRVIEW AVE	0.38	0.52	0.60	1.42
	PEL	0.53	0.62	0.75	1.65
	El Centro	0.71	0.85	1.03	2.18

续表

场地类型	地震波名称	内罐壁基底剪力/（10⁸N）	总基底剪力/（10⁸N）	内罐壁基底弯矩/（10⁹N·m）	总基底弯矩/（10⁹N·m）
III类场地	人工波III 1	0.99	1.26	1.18	3.30
	人工波III 2	0.66	0.77	0.85	2.04
IV类场地	TRI_TREASURE ISLAND	1.78	2.35	1.80	6.02
	天津波	2.13	2.78	2.14	7.17
	Pasadena	1.40	1.70	1.67	4.47
	上海波	1.57	1.96	1.81	5.06
	TH IV1	0.71	0.85	1.03	2.18
	人工波IV1	1.34	1.72	1.61	4.40
	人工波IV2	0.98	1.22	1.27	3.05

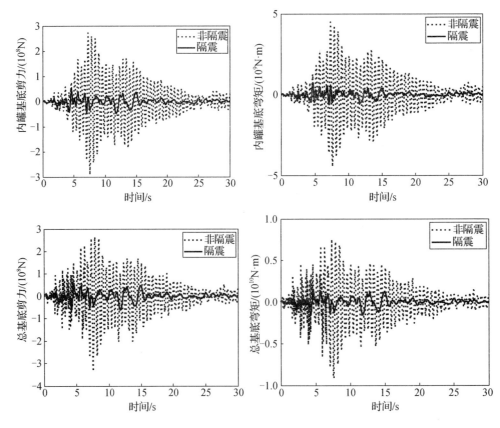

图 3.22 PEL 隔震响应时程曲线

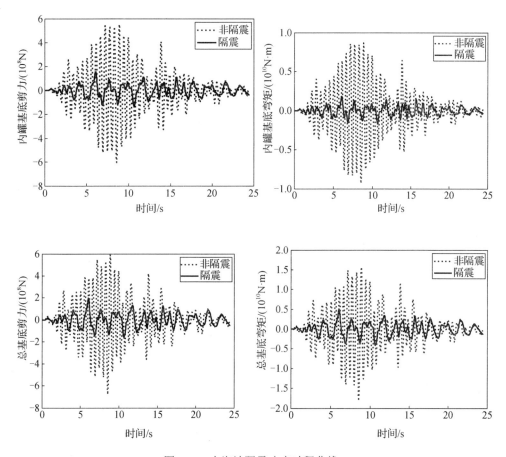

图 3.23　上海波隔震响应时程曲线

　　通过计算并对比隔震层参数 $T=2s$，$\xi=0.02\sim0.4$ 时的地震响应得出结论：保持隔震层周期不变，阻尼比的变化会影响 LNG 储罐的地震响应，当阻尼比在 0.02~0.2 区间变化时，随着隔震层阻尼比的增大地震响应不断减小，但达到 0.1 以上时，减震效果不再明显，对于有些地震激励下的地震响应甚至出现增大的现象。因此，隔震层阻尼比不宜过小，但也不宜过大。从经济成本与隔震效果两方面考虑，可以选择隔震层阻尼比为 0.1 或 0.2。

表 3.7　T=1s，ξ=0.2 时刚性地基储罐隔震响应

场地类型	地震波名称	内罐壁基底剪力/（10^8N）	总基底剪力/（10^8N）	内罐壁基底弯矩/（10^9N·m）	总基底弯矩/（10^9N·m）
I 类场地	金门公园波	0.44	0.74	0.59	1.89
	CPM_CAPE MENDOCINO	0.55	0.85	0.61	2.20
	SUPERSTITION MOUNTAIN	0.49	0.63	0.57	1.65
	TH I 1	1.21	1.47	1.69	3.88
	TH I 2	1.31	1.73	1.71	4.39
	人工波 I 1	1.16	1.46	1.62	3.79
	人工波 I 2	0.96	1.13	1.24	2.95
II 类场地	TH II 1	0.86	1.14	1.40	2.83
	兰州波	0.77	0.82	1.02	2.14
	唐山北京饭店波	3.33	4.14	3.81	10.72
	TAR	0.40	0.74	1.03	1.81
	TH II 2	1.07	1.51	1.35	3.88
	人工波 II 1	1.43	1.70	1.80	4.35
	人工波 II 2	1.19	1.45	1.44	2.72
III 类场地	CPC_TOPANGA CANYON	2.05	2.41	2.77	6.30
	LWD_DEL AMO BLVD	1.46	1.70	2.12	4.44
	EMC_FAIRVIEW AVE	1.04	1.19	1.35	3.09
	PEL	1.22	1.39	1.61	3.63
	El Centro	1.67	2.00	2.41	5.22
	人工波 III 1	1.93	2.30	2.40	6.07
	人工波 III 2	1.40	1.64	1.77	4.20
IV 类场地	TRI_TREASURE ISLAND	3.05	3.84	3.43	9.23
	天津波	1.87	2.43	1.91	6.29
	Pasadena	2.45	2.90	3.17	7.50
	上海波	2.45	2.99	3.23	7.68
	TH IV1	1.67	2.00	2.41	5.22
	人工波 IV1	2.50	3.10	3.45	7.94
	人工波 IV2	1.83	2.10	2.37	5.48

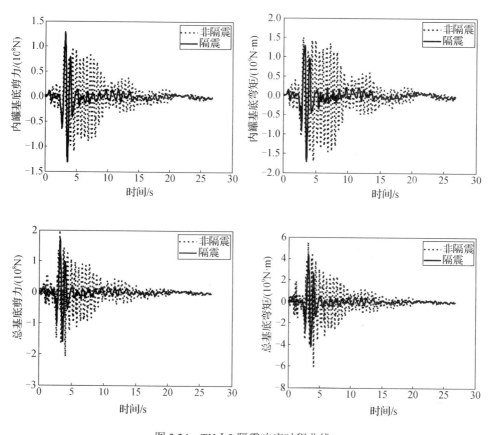

图 3.24　TH I 2 隔震响应时程曲线

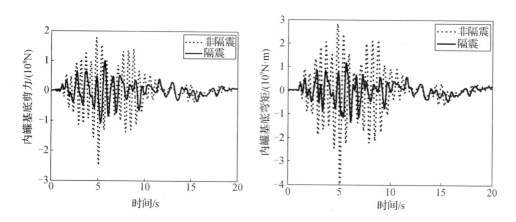

图 3.25　TH II 2 隔震响应时程曲线

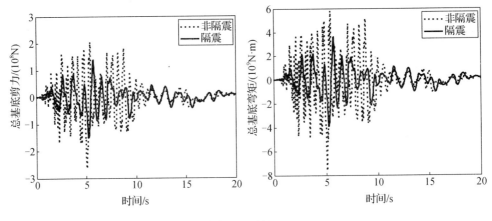

图 3.25（续）

表 3.8　*T*=3s，*ξ* =0.2 时刚性地基储罐隔震响应

场地类型	地震波名称	内罐壁基底剪力/（10^8N）	总基底剪力/（10^8N）	内罐壁基底弯矩/（10^9N·m）	总基底弯矩/（10^9N·m）
I 类场地	金门公园波	0.19	0.27	0.24	0.73
	CPM_CAPE MENDOCINO	0.23	0.32	0.26	0.83
	SUPERSTITION MOUNTAIN	0.17	0.21	0.25	0.57
	TH I 1	0.25	0.30	0.41	0.80
	TH I 2	0.32	0.42	0.42	1.11
	人工波 I 1	0.42	0.51	0.55	1.33
	人工波 I 2	0.39	0.51	0.59	1.34
II 类场地	TH II 1	0.22	0.26	0.39	0.70
	兰州波	0.42	0.56	0.43	1.47
	唐山北京饭店波	1.34	1.74	1.41	4.45
	TAR	0.11	0.15	0.29	0.36
	TH II 2	0.61	0.78	0.77	1.98
	人工波 II 1	0.69	0.87	0.81	2.26
	人工波 II 2	0.69	0.87	0.81	2.26
III 类场地	CPC_TOPANGA CANYON	0.90	1.09	1.13	2.93
	LWD_DEL AMO BLVD	0.40	0.42	0.71	1.09
	EMC_FAIRVIEW AVE	0.17	0.20	0.33	0.51
	PEL	0.47	0.61	0.51	1.56
	El Centro	0.59	0.73	0.69	1.85

续表

场地类型	地震波名称	内罐壁基底剪力/（10^8N）	总基底剪力/（10^8N）	内罐壁基底弯矩/（10^9N·m）	总基底弯矩/（10^9N·m）
III类场地	人工波III 1	0.72	0.91	0.86	2.30
	人工波III 2	0.49	0.63	0.56	1.61
IV类场地	TRI_TREASURE ISLAND	1.25	1.64	1.31	4.20
	天津波	2.47	3.26	2.45	8.42
	Pasadena	0.77	0.99	0.85	2.57
	上海波	1.04	1.30	1.16	3.36
	TH IV1	0.59	0.73	0.69	1.85
	人工波IV1	0.79	1.05	0.96	2.67
	人工波IV2	0.63	0.77	0.79	1.92

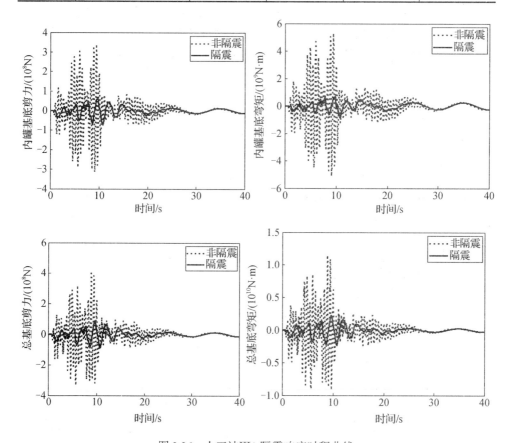

图 3.26　人工波III1 隔震响应时程曲线

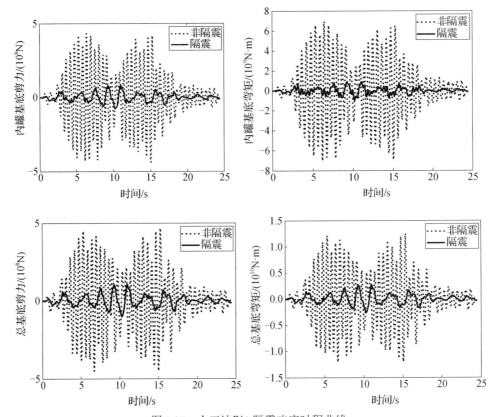

图 3.27　人工波Ⅳ1 隔震响应时程曲线

表 3.9　$T=4s$，$\xi=0.2$ 时刚性地基储罐隔震响应

场地类型	地震波名称	内罐壁基底剪力/（10^8N）	总基底剪力/（10^8N）	内罐壁基底弯矩/（10^9N·m）	总基底弯矩/（10^9N·m）
Ⅰ类场地	金门公园波	0.17	0.20	0.20	0.54
	CPM_CAPE MENDOCINO	0.13	0.18	0.17	0.47
	SUPERSTITION MOUNTAIN	0.15	0.17	0.20	0.42
	THⅠ1	0.17	0.21	0.29	0.55
	THⅠ2	0.25	0.33	0.33	0.87
	人工波Ⅰ1	0.31	0.34	0.42	0.90
	人工波Ⅰ2	0.40	0.44	0.59	1.08
Ⅱ类场地	THⅡ1	0.15	0.19	0.33	0.49
	兰州波	0.33	0.39	0.40	1.01
	唐山北京饭店波	1.07	1.44	1.01	3.72
	TAR	0.08	0.12	0.22	0.28
	THⅡ2	0.49	0.59	0.62	1.52
	人工波Ⅱ1	0.52	0.65	0.61	1.71
	人工波Ⅱ2	0.46	0.64	0.59	1.66

续表

场地类型	地震波名称	内罐壁基底剪力/（10^8N）	总基底剪力/（10^8N）	内罐壁基底弯矩/（10^9N·m）	总基底弯矩/（10^9N·m）
III类场地	CPC_TOPANGA CANYON	0.49	0.63	0.65	1.64
	LWD_DEL AMO BLVD	0.20	0.26	0.44	0.66
	EMC_FAIRVIEW AVE	0.12	0.13	0.25	0.32
	PEL	0.30	0.39	0.34	0.98
	El Centro	0.36	0.46	0.45	1.17
	人工波III 1	0.47	0.60	0.66	1.56
	人工波III 2	0.40	0.52	0.45	1.38
IV类场地	TRI_TREASURE ISLAND	0.80	1.06	0.83	2.71
	天津波	1.84	2.43	1.78	6.29
	Pasadena	0.52	0.69	0.62	1.74
	上海波	0.59	0.73	0.67	1.90
	TH IV 1	0.36	0.46	0.45	1.17
	人工波IV 1	0.41	0.59	0.55	1.48
	人工波IV 2	0.47	0.58	0.55	1.54

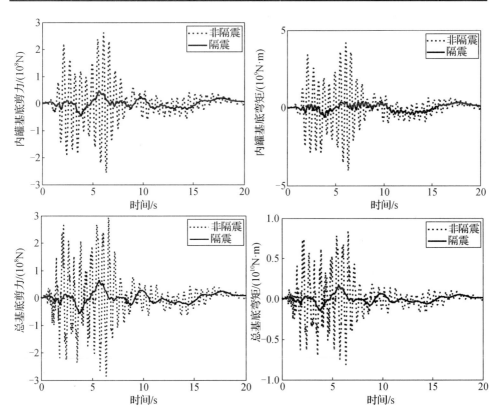

图 3.28　人工波 II 1 隔震响应时程曲线

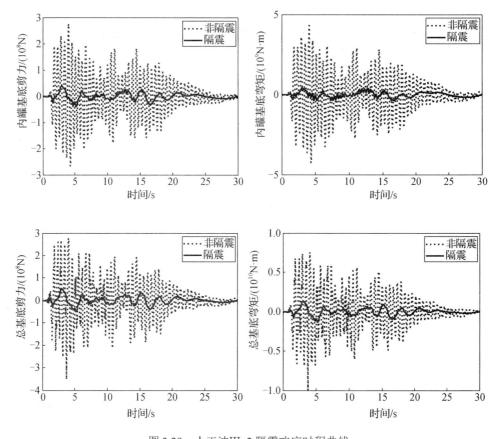

图 3.29　人工波Ⅲ 2 隔震响应时程曲线

　　保持隔震层阻尼比为 0.2 时，通过改变隔震层的周期可以发现：随着隔震层周期的增大，LNG 储罐的地震响应不断降低，减震效果明显。结合上述对隔震层阻尼比的分析，为有效降低 $16 \times 10^4 \mathrm{m}^3$ LNG 储罐的地震响应，在参数选择方面，建议根据经济投入和隔震效果选择合理的隔震参数。

　　2. 土与 LNG 储罐相互作用隔震响应计算

　　计算土与储罐相互作用后的隔震响应时，以Ⅲ类场地为计算分析对象，选择三条天然地表波、一条人工合成地表波和三条天然基岩波作为地震激励。对比不同种类地震波作用下储罐的地震响应，同时通过选择不同的隔震层参数对比地震响应的变化趋势，具体计算结果见表 3.10～表 3.16，地震响应时程曲线如图 3.30～图 3.36 所示。

表 3.10　T=2s，ξ =0.1 时 LNG 储罐隔震响应峰值及效应对比

地震波名称	项目	内罐壁基底剪力		总基底剪力		内罐壁基底弯矩		总基底弯矩		晃动波高	
		数值/(10^8N)	对比/%	数值/(10^8N)	对比/%	数值/(10^9N·m)	对比/%	数值/(10^9N·m)	对比/%	数值/m	对比/%
CPC_TOPANGA CANYON	刚性基础储罐	1.34	26.87	1.72	4.07	1.51	9.27	4.41	2.27	0.37	-2.70
	土与储罐	0.98		1.65		1.37		4.31		0.38	
LWD_DEL AMO BLVD	刚性基础储罐	0.61	29.51	0.80	5.00	0.64	1.56	2.09	4.78	0.20	0.00
	土与储罐	0.43		0.76		0.63		1.99		0.20	
EMC_FAIRVIEW AVE	刚性基础储罐	0.31	9.68	0.36	0.00	0.49	6.12	0.95	0.00	0.15	0.00
	土与储罐	0.28		0.36		0.46		0.95		0.15	
人工波 3	刚性基础储罐	1.13	24.78	1.41	4.96	1.26	4.76	3.63	1.93	1.07	0.93
	土与储罐	0.85		1.34		1.20		3.56		1.06	
绵竹清平波	刚性基础储罐	0.59	13.56	0.72	-1.39	0.83	0.00	1.82	-1.65	1.64	0.00
	土与储罐	0.51		0.73		0.83		1.85		1.64	
TCU094	刚性基础储罐	2.67	16.85	3.12	4.81	3.97	3.02	7.46	5.09	10.74	-0.37
	土与储罐	2.22		2.97		3.85		7.08		10.78	
什邡八角波	刚性基础储罐	0.87	11.49	1.05	2.86	1.29	3.10	2.75	2.91	0.64	-1.56
	土与储罐	0.77		1.02		1.25		2.67		0.65	

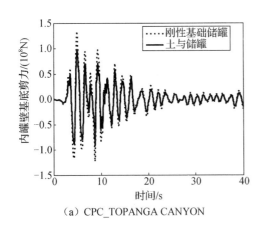

（a）CPC_TOPANGA CANYON

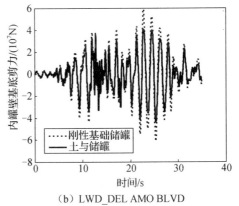

（b）LWD_DEL AMO BLVD

图 3.30　内罐基底剪力隔震响应时程曲线

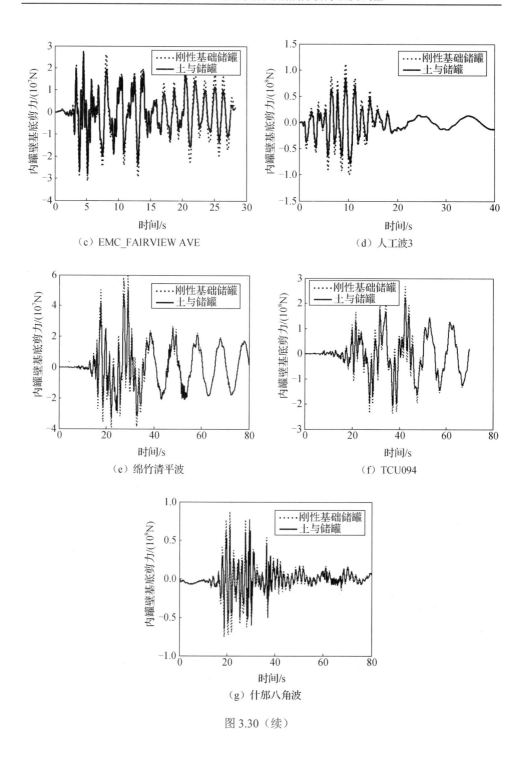

（c）EMC_FAIRVIEW AVE

（d）人工波3

（e）绵竹清平波

（f）TCU094

（g）什邡八角波

图 3.30（续）

表 3.11　T=2s，ξ=0.2 时 LNG 储罐隔震响应峰值及效应对比

地震波名称	项目	内罐壁基底剪力		总基底剪力		内罐壁基底弯矩		总基底弯矩		晃动波高	
		数值/(10⁸N)	对比/%	数值/(10⁸N)	对比/%	数值/(10⁹N·m)	对比/%	数值/(10⁹N·m)	对比/%	数值/m	对比/%
CPC_TOPANG A CANYON	刚性基础储罐	1.11	16.22	1.42	0.70	1.39	1.44	3.69	1.36	0.33	-3.03
	土与储罐	0.93		1.41		1.37		3.64		0.34	
LWD_DEL AMO BLVD	刚性基础储罐	0.48	-10.42	0.56	1.79	0.92	4.35	1.42	1.41	0.18	0.00
	土与储罐	0.53		0.55		0.88		1.40		0.18	
EMC_FAIRVIE W AVE	刚性基础储罐	0.33	9.09	0.35	5.71	0.52	3.85	0.90	5.56	0.14	0.00
	土与储罐	0.30		0.33		0.50		0.85		0.14	
人工波 3	刚性基础储罐	0.92	25.00	1.17	3.42	1.15	6.96	3.03	3.63	1.06	0.00
	土与储罐	0.69		1.13		1.07		2.92		1.06	
绵竹清平波	刚性基础储罐	0.54	18.52	0.68	-1.47	0.71	-1.41	1.68	-0.59	1.62	-0.62
	土与储罐	0.44		0.69		0.72		1.69		1.63	
TCU094	刚性基础储罐	2.40	12.50	2.77	-0.36	3.67	0.00	6.57	0.30	10.68	-0.19
	土与储罐	2.10		2.78		3.67		6.55		10.70	
什邡八角波	刚性基础储罐	0.66	-15.15	0.84	7.14	1.31	2.29	2.12	5.66	0.62	0.00
	土与储罐	0.76		0.78		1.28		1.98		0.62	

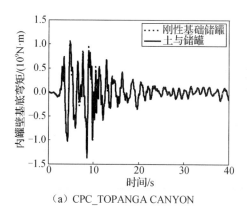

（a）CPC_TOPANGA CANYON

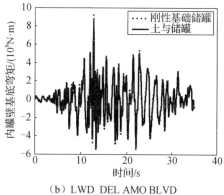

（b）LWD_DEL AMO BLVD

图 3.31　内罐壁基底弯矩隔震响应时程曲线

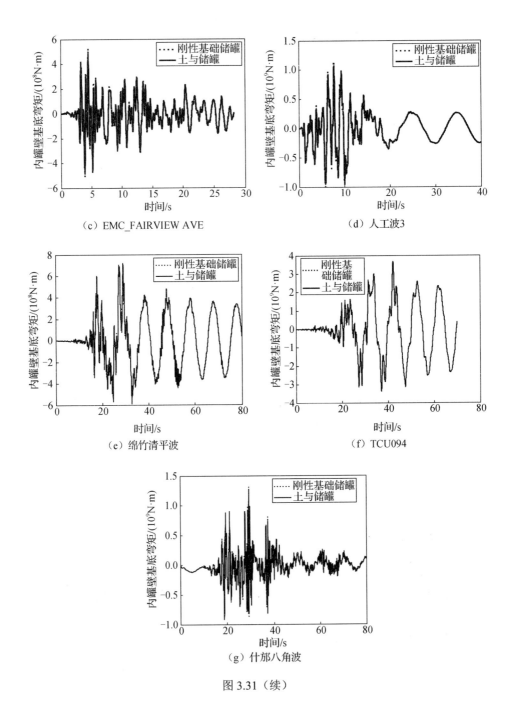

（c）EMC_FAIRVIEW AVE

（d）人工波3

（e）绵竹清平波

（f）TCU094

（g）什邡八角波

图 3.31（续）

表 3.12　*T*=2s，*ξ*=0.3 时 LNG 储罐隔震响应峰值及效应对比

地震波名称	项目	内罐壁基底剪力		总基底剪力		内罐壁基底弯矩		总基底弯矩		晃动波高	
		数值/ (10⁸N)	对比/ %	数值/ (10⁸N)	对比/ %	数值/ (10⁹N·m)	对比/ %	数值/ (10⁹N·m)	对比/ %	数值/ m	对比/ %
CPC_TOPANGA CANYON	刚性基础储罐	1.05	14.29	1.37	0.00	1.37	0.00	3.53	0.00	0.30	-3.33
	土与储罐	0.90		1.37		1.37		3.53		0.31	
LWD_DEL AMO BLVD	刚性基础储罐	0.57	1.75	0.60	1.67	1.11	4.50	1.47	2.72	0.18	0.00
	土与储罐	0.56		0.59		1.06		1.43		0.18	
EMC_FAIRVIEW AVE	刚性基础储罐	0.33	3.03	0.43	9.30	0.54	1.85	1.14	9.65	0.14	0.00
	土与储罐	0.32		0.39		0.53		1.03		0.14	
人工波 3	刚性基础储罐	0.96	25.00	1.21	3.31	1.17	3.42	3.15	3.81	1.06	0.00
	土与储罐	0.72		1.17		1.13		3.03		1.06	
绵竹清平波	刚性基础储罐	0.51	17.65	0.64	0.00	0.68	0.00	1.59	1.89	1.61	0.00
	土与储罐	0.42		0.64		0.68		1.56		1.61	
TCU094	刚性基础储罐	2.20	10.91	2.61	-0.38	3.45	-0.87	6.37	-0.31	10.64	-0.19
	土与储罐	1.96		2.62		3.48		6.39		10.66	
什邡八角波	刚性基础储罐	0.70	-11.42	0.82	1.22	1.46	4.11	2.06	4.37	0.61	0.00
	土与储罐	0.78		0.81		1.40		1.97		0.61	

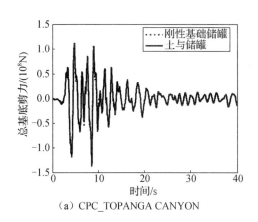
（a）CPC_TOPANGA CANYON

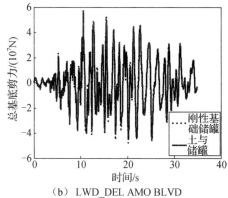
（b）LWD_DEL AMO BLVD

图 3.32　总基底剪力隔震响应时程曲线

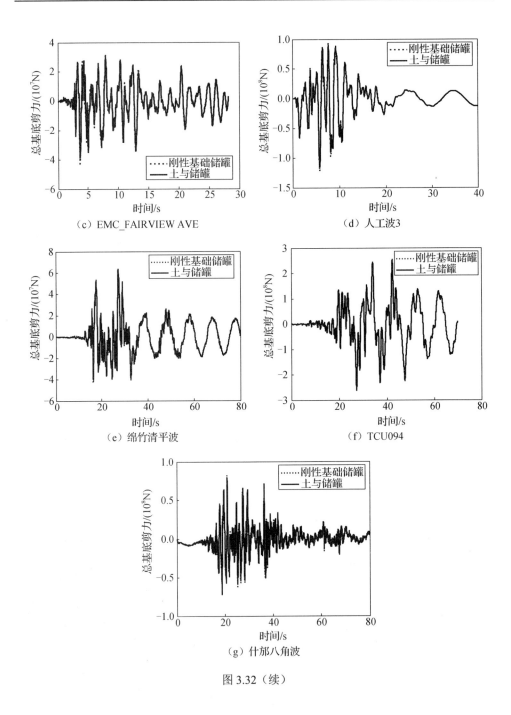

（c）EMC_FAIRVIEW AVE

（d）人工波3

（e）绵竹清平波

（f）TCU094

（g）什邡八角波

图 3.32（续）

表 3.13　*T*=2s，*ξ* =0.4 时 LNG 储罐隔震响应峰值及效应对比

地震波名称	项目	内罐壁基底剪力		总底剪力		内罐壁基底弯矩		总基底弯矩		晃动波高	
		数值/（10⁸N）	对比/%	数值/（10⁸N）	对比/%	数值/（10⁹N·m）	对比/%	数值/（10⁹N·m）	对比/%	数值/m	对比/%
CPC_TOPANGA CANYON	刚性基础储罐	1.04	13.46	1.36	0.74	1.49	8.05	3.50	0.86	0.29	0.00
	土与储罐	0.90		1.35		1.37		3.47		0.29	
LWD_DEL AMO BLVD	刚性基础储罐	0.62	4.84	0.69	8.70	1.28	5.47	1.62	6.17	0.18	0.00
	土与储罐	0.59		0.63		1.21		1.52		0.18	
EMC_FAIRVIEW AVE	刚性基础储罐	0.38	7.89	0.52	9.62	0.63	11.11	1.42	10.56	0.14	0.00
	土与储罐	0.35		0.47		0.56		1.27		0.14	
人工波 3	刚性基础储罐	0.99	23.23	1.26	2.38	1.18	3.39	3.30	3.33	1.06	0.94
	土与储罐	0.76		1.23		1.14		3.19		1.05	
绵竹清平波	刚性基础储罐	0.50	18.00	0.66	3.03	0.66	0.00	1.66	3.01	1.60	0.00
	土与储罐	0.41		0.64		0.66		1.61		1.60	
TCU094	刚性基础储罐	2.16	13.89	2.55	-0.39	3.30	-1.21	6.21	-0.48	10.61	-0.19
	土与储罐	1.86		2.56		3.34		6.24		10.63	
什邡八角波	刚性基础储罐	0.79	-3.80	0.85	-5.88	1.63	0.00	2.12	-1.42	0.61	0.00
	土与储罐	0.82		0.90		1.63		2.15		0.61	

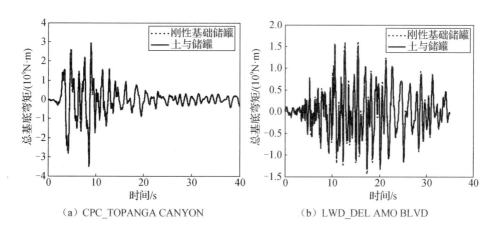

（a）CPC_TOPANGA CANYON　　　　　（b）LWD_DEL AMO BLVD

图 3.33　总基底弯矩隔震响应时程曲线

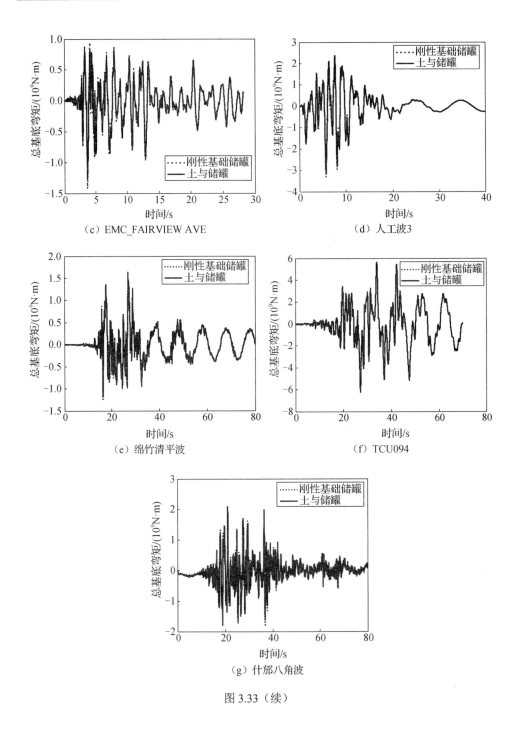

（c）EMC_FAIRVIEW AVE

（d）人工波3

（e）绵竹清平波

（f）TCU094

（g）什邡八角波

图 3.33（续）

表 3.14　T=1s，ξ=0.2 时 LNG 储罐隔震响应峰值及效应对比

地震波名称	项目	内罐壁基底剪力		总基底剪力		内罐壁基底弯矩		总基底弯矩		晃动波高	
		数值/(10^8N)	对比/%	数值/(10^8N)	对比/%	数值/(10^9N·m)	对比/%	数值/(10^9N·m)	对比/%	数值/m	对比/%
CPC_TOPANG A CANYON	刚性基础储罐	2.05	28.78	2.41	19.09	2.77	20.58	6.30	19.05	0.26	0.00
	土与储罐	1.46		1.95		2.20		5.10		0.26	
LWD_DEL AMO BLVD	刚性基础储罐	1.46	17.12	1.70	11.76	2.12	8.02	4.44	11.49	0.18	0.00
	土与储罐	1.21		1.50		1.95		3.93		0.18	
EMC_FAIRVIE W AVE	刚性基础储罐	1.04	28.85	1.19	18.49	1.35	17.78	3.09	16.18	0.15	0.00
	土与储罐	0.74		0.97		1.11		2.59		0.15	
人工波 3	刚性基础储罐	1.93	18.65	2.30	1.30	2.40	5.42	6.07	1.97	1.08	0.00
	土与储罐	1.57		2.27		2.27		5.95		1.08	
绵竹清平波	刚性基础储罐	0.95	20.00	1.14	-7.02	1.19	4.20	2.87	-7.32	1.57	-0.64
	土与储罐	0.76		1.22		1.14		3.08		1.58	
TCU094	刚性基础储罐	2.42	19.83	2.82	10.64	3.57	4.48	6.95	16.98	10.55	-0.19
	土与储罐	1.94		2.52		3.41		5.89		10.57	
什邡八角波	刚性基础储罐	1.56	16.67	1.86	17.74	2.26	7.96	4.76	18.28	0.60	0.00
	土与储罐	1.30		1.53		2.08		3.89		0.60	

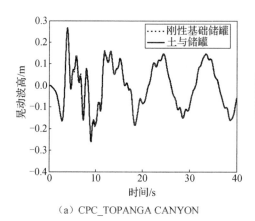

（a）CPC_TOPANGA CANYON

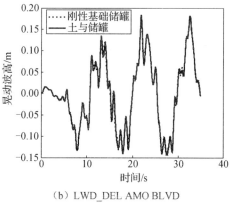

（b）LWD_DEL AMO BLVD

图 3.34　晃动波高隔震响应时程曲线

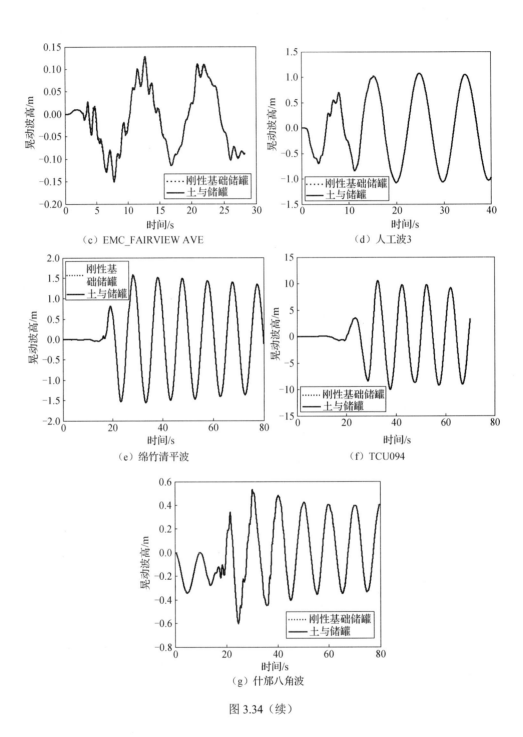

（c）EMC_FAIRVIEW AVE

（d）人工波3

（e）绵竹清平波

（f）TCU094

（g）什邡八角波

图 3.34（续）

表 3.15 $T=3s$，$\xi=0.2$ 时 LNG 储罐隔震响应峰值及效应对比

地震波名称	项目	内罐壁基底剪力		总基底剪力		内罐壁基底弯矩		总基底弯矩		晃动波高	
		数值/(10^8N)	对比/%	数值/(10^8N)	对比/%	数值/(10^9N·m)	对比/%	数值/(10^9N·m)	对比/%	数值/m	对比/%
CPC_TOPANGA CANYON	刚性基础储罐	0.90	17.78	1.09	3.27	1.13	2.65	2.83	2.83	0.34	0.00
	土与储罐	0.74		1.06		1.10		2.75		0.34	
LWD_DEL AMO BLVD	刚性基础储罐	0.40	-2.50	0.42	0.00	0.71	4.23	1.09	1.83	0.20	0.00
	土与储罐	0.41		0.42		0.68		1.07		0.20	
EMC_FAIRVIEW AVE	刚性基础储罐	0.17	-5.88	0.20	5.00	0.33	3.03	0.51	3.92	0.14	0.00
	土与储罐	0.18		0.19		0.32		0.49		0.14	
人工波 3	刚性基础储罐	0.72	19.44	0.91	1.10	0.86	0.00	2.30	0.00	1.02	0.00
	土与储罐	0.58		0.90		0.86		2.30		1.02	
绵竹清平波	刚性基础储罐	0.56	17.86	0.66	0.00	0.74	0.00	1.59	0.00	1.67	0.00
	土与储罐	0.46		0.66		0.74		1.59		1.67	
TCU094	刚性基础储罐	2.10	11.90	2.53	0.40	3.33	0.30	6.08	0.16	10.71	0.00
	土与储罐	1.85		2.52		3.32		6.07		10.71	
什邡八角波	刚性基础储罐	0.41	-2.44	0.43	-16.28	0.88	2.27	1.13	1.77	0.61	0.00
	土与储罐	0.42		0.50		0.86		1.11		0.61	

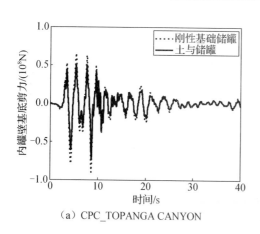

（a）CPC_TOPANGA CANYON

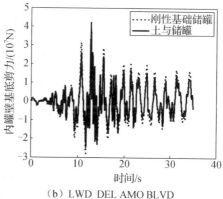

（b）LWD_DEL AMO BLVD

图 3.35 内罐壁基底剪力隔震响应时程曲线

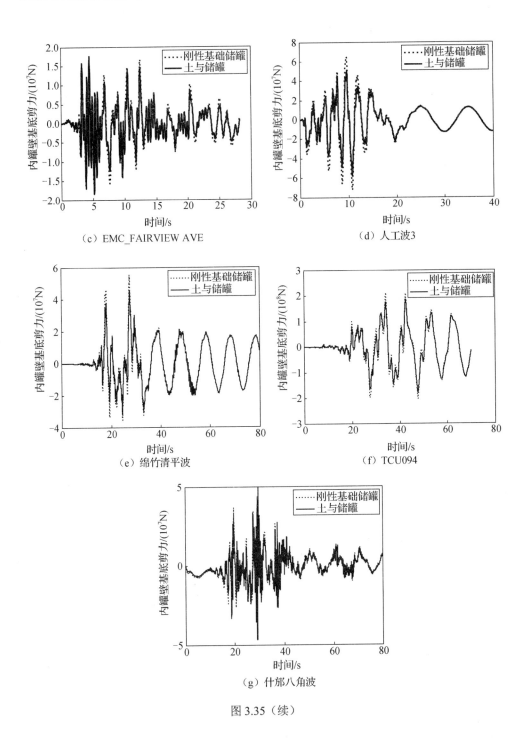

（c）EMC_FAIRVIEW AVE

（d）人工波3

（e）绵竹清平波

（f）TCU094

（g）什邡八角波

图 3.35（续）

表 3.16　T=4s，ξ=0.2 时 LNG 储罐隔震响应峰值及效应对比

地震波名称	项目	内罐壁基底剪力		总基底剪力		内罐壁基底弯矩		总基底弯矩		晃动波高	
		数值/(10^8N)	对比/%	数值/(10^8N)	对比/%	数值/(10^9N·m)	对比/%	数值/(10^9N·m)	对比/%	数值/m	对比/%
CPC_TOPANG A CANYON	刚性基础储罐	0.49	14.29	0.63	1.59	0.65	1.54	1.64	1.22	0.29	0.00
	土与储罐	0.42		0.62		0.64		1.62		0.29	
LWD_DEL AMO BLVD	刚性基础储罐	0.20	0.00	0.26	3.85	0.44	2.27	0.66	0.00	0.19	0.00
	土与储罐	0.20		0.25		0.43		0.66		0.19	
EMC_FAIRVIE W AVE	刚性基础储罐	0.12	0.00	0.13	-7.69	0.25	0.00	0.32	0.00	0.14	0.00
	土与储罐	0.12		0.14		0.25		0.32		0.14	
人工波 3	刚性基础储罐	0.47	12.77	0.60	1.67	0.66	1.52	1.56	1.28	0.96	0.00
	土与储罐	0.41		0.59		0.65		1.54		0.96	
绵竹清平波	刚性基础储罐	0.43	1.28	0.53	0.00	0.60	0.00	1.31	0.00	1.65	0.00
	土与储罐	0.36		0.53		0.60		1.31		1.65	
TCU094	刚性基础储罐	1.96	13.78	2.28	0.00	2.96	-0.34	5.30	-0.19	10.63	0.00
	土与储罐	1.69		2.28		2.97		5.31		10.63	
什邡八角波	刚性基础储罐	0.28	-3.57	0.30	-16.67	0.63	0.63	0.77	1.30	0.62	0.00
	土与储罐	0.29		0.35		0.62		0.76		0.62	

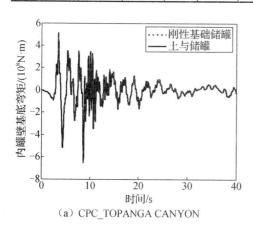

（a）CPC_TOPANGA CANYON

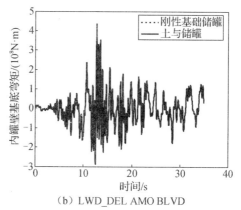

（b）LWD_DEL AMO BLVD

图 3.36　内罐壁基底弯矩隔震响应时程曲线

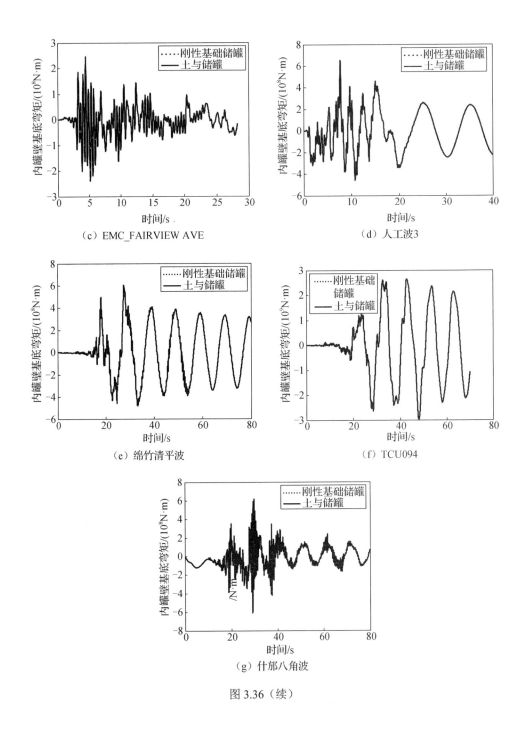

（c）EMC_FAIRVIEW AVE

（d）人工波3

（e）绵竹清平波

（f）TCU094

（g）什邡八角波

图 3.36（续）

从整体上看,隔震时考虑土与储罐相互作用后 LNG 储罐的地震响应与抗震时的不同。考虑土与储罐的相互作用后,在地表波作用下基底剪力和基底弯矩有所降低,晃动波高略微增大或保持不变,但在基岩波作用下则容易出现地震响应增大的现象,由上述可见,地表波与基岩波作用下储罐的地震响应有所不同。从七条地震动来看,土与储罐的相互作用对内罐的影响要大于外罐。对比不同的隔震层参数可以得出:隔震层周期的增大可以有效降低储罐的地震响应,但随着隔震层阻尼比的增大隔震效果由大变小,因此在考虑土与结构相互作用后采取隔震措施时,应该酌情选择隔震层参数,尤其要注意阻尼比的选取。

3. 桩土 LNG 储罐相互作用隔震响应计算

1)场地条件及土层分布

选用与第二章桩土 LNG 储罐相互作用计算中相同的场地条件,表 3.17 即为工程场地土层分布及参数。

表 3.17　$16×10^4 m^3$ LNG 储罐工程场地土层分布及参数

地层编号	岩土名称	层厚/m	泊松比	剪切波速/s	剪切模量/MPa	弹性模量/MPa
(1)	杂填土	2.38	0.488	214	68.7	204.4
(2)	吹填土	5.87	0.493	180	55.1	164.5
(3)$_1$	淤泥质粉质黏土	11.26	0.496	130	30.4	91.0
(3)$_2$	淤泥质粉质黏土	10.02	0.496	125	27.5	82.3
(4)	淤泥质黏土	11.62	0.496	136	32.7	97.9
(5)	粉质黏土	9.51	0.490	223	92.5	275.7
(6)	含砾粉质黏土	3.24	0.486	317	196.0	582.3
(7)	粉质黏土	3.76	0.485	424	356.0	1 057.0
(8)	粉质黏土	4.43	0.485	382	284.6	845.2
(9)	粉质黏土	12.76	0.486	340	228.9	680.4
(10)	含砾粉质黏土	5.95	0.481	511	519.6	1 539.0
(11)$_1$	强风化凝灰岩	3.74	0.469	751	1 410.0	4 142.9
(11)$_2$	中风化凝灰岩	—	0.423	1 198	3 903.8	11 112.4

2)计算结果分析

变换隔震层参数与加速度峰值,计算两种不同土体参数计算方法下 $16×10^4 m^3$ LNG 储罐的基底剪力、基底弯矩和晃动波高数值,结果见表 3.18~表 3.24。

表 3.18 T=2s，ξ =0.02 时桩土 LNG 储罐隔震响应

地震波	加速度峰值	基底剪力/（10^8N)		基底弯矩/（10^9N·m)		晃动波高/m	
		经验公式参数算法	规范参数算法	经验公式参数算法	规范参数算法	经验公式参数算法	规范参数算法
绵竹波	0.085	0.25	0.20	0.64	0.51	0.42	0.41
	0.1	0.29	0.24	0.75	0.60	0.50	0.49
	0.15	0.44	0.35	1.12	0.90	0.74	0.73
	0.2	0.59	0.47	1.49	1.21	0.99	0.97
	0.25	0.73	0.59	1.87	1.51	1.24	1.22
	0.3	0.88	0.71	2.24	1.79	1.49	1.46
	0.35	1.02	0.83	2.61	2.09	1.74	1.70
什邡八角波	0.085	0.52	0.50	1.39	1.28	0.20	0.20
	0.1	0.61	0.59	1.63	1.51	0.24	0.23
	0.15	0.92	0.89	2.45	2.27	0.36	0.35
	0.2	1.23	1.18	3.26	3.02	0.48	0.47
	0.25	1.54	1.48	4.08	3.78	0.59	0.59
	0.3	1.84	1.77	4.89	4.53	0.71	0.70
	0.35	2.15	2.07	5.71	5.29	0.83	0.82
BVP090	0.085	0.54	0.45	1.42	1.15	0.75	0.75
	0.1	0.63	0.52	1.67	1.35	0.89	0.88
	0.15	0.95	0.79	2.50	2.02	1.33	1.32
	0.2	1.27	1.05	3.34	2.70	1.77	1.75
	0.25	1.58	1.31	4.17	3.38	2.22	2.19
	0.3	1.90	1.57	5.01	4.05	2.66	2.63
	0.35	2.22	1.84	5.84	4.73	3.11	3.07
TCU094	0.085	1.16	1.09	2.93	2.73	2.75	2.73
	0.1	1.36	1.28	3.44	3.21	3.23	3.21
	0.15	2.04	1.92	5.17	4.81	4.85	4.81
	0.2	2.73	2.56	6.89	6.42	6.47	6.42
	0.25	3.41	3.20	8.61	8.02	8.08	8.02
	0.3	4.09	3.85	10.33	9.63	9.70	9.62
	0.35	4.77	4.49	12.05	11.23	11.32	11.23

表 3.19　$T=2s$，$\xi=0.05$ 时桩土 LNG 储罐隔震响应

地震波	加速度峰值	基底剪力/（10^8N）		基底弯矩/（10^9N·m）		晃动波高/m	
		经验公式参数算法	规范参数算法	经验公式参数算法	规范参数算法	经验公式参数算法	规范参数算法
绵竹波	0.085	0.22	0.19	0.57	0.48	0.42	0.41
	0.1	0.26	0.22	0.67	0.57	0.49	0.49
	0.15	0.39	0.34	0.99	0.85	0.74	0.73
	0.2	0.53	0.46	1.33	1.14	0.99	0.97
	0.25	0.66	0.57	1.66	1.42	1.23	1.21
	0.3	0.79	0.68	1.99	1.70	1.48	1.46
	0.35	0.92	0.80	2.33	1.99	1.73	1.70
什邡八角波	0.085	0.41	0.34	1.09	0.88	0.18	0.18
	0.1	0.48	0.39	1.29	1.04	0.21	0.21
	0.15	0.73	0.59	1.93	1.56	0.31	0.31
	0.2	0.97	0.79	2.57	2.08	0.42	0.41
	0.25	1.21	0.99	3.22	2.60	0.52	0.51
	0.3	1.45	1.18	3.86	3.12	0.62	0.62
	0.35	1.69	1.38	4.50	3.64	0.73	0.72
BVP090	0.085	0.42	0.33	1.10	0.85	0.75	0.74
	0.1	0.49	0.38	1.29	1.00	0.88	0.87
	0.15	0.74	0.58	1.94	1.50	1.32	1.30
	0.2	0.98	0.77	2.59	2.00	1.76	1.74
	0.25	1.23	0.96	3.23	2.50	2.20	2.17
	0.3	1.48	1.15	3.88	3.01	2.64	2.61
	0.35	1.72	1.34	4.53	3.51	3.08	3.04
TCU094	0.085	0.92	0.85	2.28	2.10	2.74	2.71
	0.1	1.08	1.00	2.69	2.47	3.22	3.19
	0.15	1.62	1.50	4.03	3.70	4.83	4.78
	0.2	2.16	2.00	5.37	4.94	6.44	6.38
	0.25	2.69	2.50	6.71	6.17	8.05	7.97
	0.3	3.23	3.01	8.06	7.41	9.66	9.57
	0.35	3.77	3.51	9.40	8.64	11.28	11.16

表 3.20　T=2s，ξ=0.1 时桩土 LNG 储罐隔震响应

地震波	加速度峰值	基底剪力/（10⁸N）		基底弯矩/（10⁹N·m）		晃动波高/m	
		经验公式参数算法	规范参数算法	经验公式参数算法	规范参数算法	经验公式参数算法	规范参数算法
绵竹波	0.085	0.21	0.18	0.53	0.46	0.42	0.41
	0.1	0.24	0.22	0.62	0.55	0.49	0.48
	0.15	0.36	0.32	0.93	0.82	0.74	0.73
	0.2	0.48	0.43	1.24	1.09	0.98	0.97
	0.25	0.60	0.54	1.54	1.36	1.23	1.21
	0.3	0.73	0.65	1.85	1.64	1.47	1.45
	0.35	0.85	0.76	2.16	1.91	1.72	1.69
什邡八角波	0.085	0.31	0.25	0.81	0.67	0.16	0.16
	0.1	0.36	0.30	0.95	0.79	0.19	0.19
	0.15	0.54	0.45	1.43	1.18	0.29	0.28
	0.2	0.72	0.60	1.91	1.58	0.38	0.38
	0.25	0.90	0.75	2.38	1.97	0.48	0.47
	0.3	1.08	0.90	2.86	2.37	0.57	0.57
	0.35	1.26	1.05	3.34	2.76	0.67	0.66
BVP090	0.085	0.32	0.26	0.85	0.70	0.74	0.74
	0.1	0.38	0.31	1.00	0.82	0.87	0.86
	0.15	0.57	0.46	1.50	1.23	1.31	1.30
	0.2	0.76	0.61	1.99	1.64	1.75	1.73
	0.25	0.95	0.76	2.49	2.06	2.19	2.16
	0.3	1.14	0.92	2.99	2.47	2.62	2.59
	0.35	1.33	1.07	3.49	2.88	3.06	3.03
TCU094	0.085	0.84	0.74	2.04	1.77	2.72	2.70
	0.1	0.99	0.87	2.40	2.08	3.20	3.17
	0.15	1.48	1.31	3.59	3.12	4.81	4.76
	0.2	1.97	1.74	4.79	4.16	6.41	6.34
	0.25	2.46	2.18	5.99	5.20	8.01	7.93
	0.3	2.96	2.61	7.19	6.23	9.61	9.51
	0.35	3.45	3.05	8.38	7.27	11.22	11.10

表 3.21　T=2s，ξ =0.2 时桩土 LNG 储罐隔震响应

地震波	加速度峰值	基底剪力/（10^8N）		基底弯矩/（10^9N·m）		晃动波高/m	
		经验公式参数算法	规范参数算法	经验公式参数算法	规范参数算法	经验公式参数算法	规范参数算法
绵竹波	0.085	0.19	0.17	0.48	0.43	0.41	0.41
	0.1	0.22	0.20	0.57	0.51	0.48	0.48
	0.15	0.33	0.30	0.85	0.76	0.73	0.72
	0.2	0.45	0.40	1.14	1.02	0.97	0.96
	0.25	0.56	0.51	1.42	1.27	1.21	1.20
	0.3	0.67	0.61	1.70	1.52	1.45	1.44
	0.35	0.78	0.71	1.99	1.78	1.70	1.68
什邡八角波	0.085	0.23	0.19	0.61	0.50	0.16	0.15
	0.1	0.27	0.23	0.71	0.59	0.18	0.18
	0.15	0.41	0.34	1.07	0.89	0.28	0.27
	0.2	0.54	0.45	1.43	1.18	0.37	0.36
	0.25	0.68	0.57	1.78	1.48	0.46	0.46
	0.3	0.81	0.68	2.14	1.78	0.55	0.55
	0.35	0.95	0.79	2.50	2.07	0.65	0.64
BVP090	0.085	0.26	0.23	0.68	0.63	0.74	0.73
	0.1	0.30	0.28	0.80	0.74	0.87	0.86
	0.15	0.45	0.41	1.19	1.12	1.30	1.29
	0.2	0.60	0.55	1.59	1.49	1.73	1.71
	0.25	0.75	0.69	1.99	1.86	2.16	2.14
	0.3	0.90	0.83	2.39	2.23	2.60	2.57
	0.35	1.05	0.97	2.79	2.60	3.03	2.99
TCU094	0.085	0.76	0.69	1.84	1.67	2.70	2.68
	0.1	0.90	0.82	2.16	1.97	3.18	3.15
	0.15	1.34	1.22	3.24	2.95	4.77	4.72
	0.2	1.79	1.63	4.32	3.94	6.36	6.30
	0.25	2.24	2.04	5.40	4.92	7.95	7.87
	0.3	2.69	2.45	6.48	5.90	9.54	9.45
	0.35	3.14	2.86	7.56	6.89	11.13	11.02

表 3.22　T=1s，ξ=0.2 时桩土 LNG 储罐隔震响应

地震波	加速度峰值	基底剪力/（10^8N）		基底弯矩/（10^9N·m）		晃动波高/m	
		经验公式参数算法	规范参数算法	经验公式参数算法	规范参数算法	经验公式参数算法	规范参数算法
绵竹波	0.085	0.34	0.30	0.88	0.78	0.40	0.39
	0.1	0.40	0.36	1.03	0.92	0.47	0.46
	0.15	0.59	0.54	1.55	1.38	0.70	0.70
	0.2	0.79	0.71	2.06	1.84	0.94	0.93
	0.25	0.99	0.89	2.58	2.30	1.17	1.16
	0.3	1.19	1.07	3.09	2.76	1.40	1.39
	0.35	1.38	1.25	3.61	3.22	1.64	1.62
什邡八角波	0.085	0.46	0.37	1.26	0.97	0.15	0.15
	0.1	0.55	0.44	1.49	1.14	0.18	0.18
	0.15	0.82	0.66	2.23	1.71	0.27	0.27
	0.2	1.09	0.88	2.98	2.28	0.36	0.35
	0.25	1.36	1.10	3.72	2.85	0.45	0.44
	0.3	1.64	1.31	4.46	3.42	0.54	0.53
	0.35	1.91	1.53	5.21	3.99	0.63	0.62
BVP090	0.085	0.43	0.35	1.14	0.94	0.73	0.72
	0.1	0.50	0.41	1.34	1.11	0.86	0.85
	0.15	0.75	0.62	2.02	1.66	1.29	1.27
	0.2	1.00	0.83	2.69	2.22	1.71	1.70
	0.25	1.25	1.04	3.36	2.77	2.14	2.12
	0.3	1.51	1.24	4.03	3.33	2.57	2.54
	0.35	1.76	1.45	4.70	3.88	3.00	2.97
TCU094	0.085	0.73	0.63	1.79	1.50	2.67	2.64
	0.1	0.86	0.74	2.10	1.76	3.14	3.11
	0.15	1.30	1.11	3.16	2.64	4.71	4.66
	0.2	1.73	1.48	4.21	3.52	6.28	6.22
	0.25	2.16	1.85	5.26	4.40	7.85	7.77
	0.3	2.59	2.22	6.31	5.28	9.41	9.32
	0.35	3.02	2.59	7.37	6.16	10.98	10.88

表 3.23　*T*=3s，*ξ*=0.2 时桩土 LNG 储罐隔震响应

地震波	加速度峰值	基底剪力/（10^8N）		基底弯矩/（10^9N·m）		晃动波高/m	
		经验公式参数算法	规范参数算法	经验公式参数算法	规范参数算法	经验公式参数算法	规范参数算法
绵竹波	0.085	0.17	0.16	0.44	0.41	0.42	0.42
	0.1	0.20	0.19	0.51	0.48	0.50	0.49
	0.15	0.30	0.29	0.77	0.71	0.75	0.74
	0.2	0.41	0.39	1.02	0.95	0.99	0.98
	0.25	0.51	0.48	1.28	1.19	1.24	1.23
	0.3	0.61	0.58	1.54	1.43	1.49	1.47
	0.35	0.71	0.67	1.79	1.67	1.74	1.72
什邡八角波	0.085	0.11	0.10	0.32	0.29	0.16	0.15
	0.1	0.13	0.12	0.37	0.34	0.18	0.18
	0.15	0.20	0.18	0.56	0.51	0.27	0.27
	0.2	0.27	0.25	0.74	0.67	0.37	0.36
	0.25	0.34	0.31	0.93	0.84	0.46	0.45
	0.3	0.40	0.37	1.11	1.01	0.55	0.54
	0.35	0.47	0.43	1.30	1.18	0.64	0.63
BVP090	0.085	0.25	0.22	0.67	0.60	0.72	0.72
	0.1	0.29	0.26	0.79	0.70	0.85	0.84
	0.15	0.43	0.39	1.19	1.05	1.27	1.26
	0.2	0.58	0.52	1.58	1.40	1.70	1.68
	0.25	0.72	0.65	1.98	1.76	2.12	2.10
	0.3	0.87	0.78	2.37	2.11	2.54	2.53
	0.35	1.01	0.91	2.77	2.46	2.97	2.95
TCU094	0.085	0.67	0.63	1.67	1.55	2.70	2.68
	0.1	0.79	0.74	1.96	1.82	3.18	3.15
	0.15	1.18	1.11	2.94	2.73	4.77	4.72
	0.2	1.58	1.48	3.92	3.64	6.36	6.30
	0.25	1.97	1.85	4.91	4.55	7.95	7.87
	0.3	2.37	2.22	5.89	5.46	9.53	9.45
	0.35	2.76	2.59	6.87	6.37	11.12	11.02

表 3.24　T=4s，ξ=0.2 时桩土 LNG 储罐隔震响应

地震波	加速度峰值	基底剪力/（10^8N）		基底弯矩/（10^9N·m）		晃动波高/m	
		经验公式参数算法	规范参数算法	经验公式参数算法	规范参数算法	经验公式参数算法	规范参数算法
绵竹波	0.085	0.14	0.13	0.35	0.34	0.42	0.41
	0.1	0.16	0.15	0.41	0.40	0.49	0.49
	0.15	0.24	0.23	0.62	0.59	0.73	0.73
	0.2	0.32	0.31	0.83	0.79	0.98	0.97
	0.25	0.41	0.39	1.03	0.99	1.22	1.22
	0.3	0.49	0.46	1.24	1.19	1.47	1.46
	0.35	0.57	0.54	1.45	1.39	1.71	1.70
什邡八角波	0.085	0.078	0.074	0.20	0.20	0.16	0.15
	0.1	0.092	0.087	0.24	0.23	0.18	0.18
	0.15	0.14	0.13	0.36	0.35	0.28	0.27
	0.2	0.18	0.17	0.48	0.46	0.37	0.36
	0.25	0.23	0.22	0.60	0.58	0.46	0.46
	0.3	0.28	0.26	0.72	0.69	0.55	0.55
	0.35	0.32	0.30	0.84	0.81	0.65	0.64
BVP090	0.085	0.16	0.15	0.43	0.37	0.70	0.70
	0.1	0.19	0.17	0.51	0.43	0.83	0.82
	0.15	0.28	0.26	0.77	0.64	1.24	1.23
	0.2	0.37	0.34	1.02	0.87	1.65	1.64
	0.25	0.46	0.43	1.28	1.08	2.07	2.05
	0.3	0.56	0.51	1.53	1.30	2.48	2.46
	0.35	0.65	0.60	1.79	1.52	2.89	2.87
TCU094	0.085	0.59	0.57	1.42	1.35	2.68	2.66
	0.1	0.70	0.67	1.68	1.59	3.15	3.13
	0.15	1.05	1.00	2.51	2.38	4.73	4.69
	0.2	1.40	1.34	3.35	3.17	6.31	6.25
	0.25	1.75	1.67	4.19	3.97	7.89	7.82
	0.3	2.10	2.01	5.03	4.76	9.46	9.38
	0.35	2.45	2.34	5.87	5.55	11.04	10.94

　　分析上述计算结果得出：在计算隔震桩土 LNG 储罐的地震响应时，采用经验公式参数算法得出的结果要大于规范参数算法，这与抗震时桩土 LNG 储罐的地震响应趋势相反。在保持隔震周期为 2s、隔震层阻尼比由 0.02~0.2 变化时，随着阻尼比的增大基底剪力和基底弯矩不断降低，但对四条地震波的减震效果不同，对绵竹地震波作用下的储罐响应减震效果较小，而其他三类地震波的减震效果更为明显。对比两种方法计算出的减震率，在绵竹地震波作用下，采用经验公式参数算法得到的减震率大于规范参数算法，但其他三类地震波则规范参数算法得出的减震效果更好。对于晃动波高，在隔震后晃动波高较抗震有所放大，但随着阻尼比的增大晃动波高逐渐减小，当阻尼比达到 0.2 时，晃动波高与抗震时较为接近。

　　在保持隔震层阻尼比为 0.2、隔震层周期由 1~4s 变化时，随着隔震周期的增大，储罐的基底剪力和基底弯矩大体上有所降低，但不同地震波作用下的减震效果不同。对于绵竹和 BVP090 地震波，隔震层周期由 1s 变为 2s 时，基底剪力和基底弯矩显著降低，但增大隔震层周期为 3s 时，减震效果与 2s 时变化不大，继续增大到 4s 时，减震效果较 3s 时变好。对于什邡八角地震波，隔震周期由 1s 增大到 2s 和 3s 时减震效果很理想，继续增大到 4s 时减震仍然明显但效率降低。对于 TCU094 地震波，当隔震层由 1s 增大到 2s 时，基底剪力和基底弯矩出现放大现象，继续增大隔震周期地震响应有所降低但效果不明显。对于晃动波高，周期的变化对晃动波高的影响十分微小，基本可以忽略。

3.4　LNG 单容罐隔震设计反应谱理论

　　针对图 3.37 LNG 单容罐隔震设计的简化力学模型，其计算公式为

$$\beta^* = \frac{\left| \ddot{x}_0(t) + \ddot{x}^*(t) + \ddot{x}_g(t) \right|_{\max}}{\left| \ddot{x}_g(t) \right|_{\max}} \tag{3.26a}$$

$$\beta_i = \frac{\left| \ddot{x}_0(t) + \ddot{x}_g(t) \right|_{\max}}{\left| \ddot{x}_g(t) \right|_{\max}} \tag{3.26b}$$

$$\beta_c = \frac{\left| \ddot{x}_c(t) + \ddot{x}_0(t) + \ddot{x}_g(t) \right|_{\max}}{\left| \ddot{x}_g(t) \right|_{\max}} \tag{3.26c}$$

　　由于 $\ddot{x}_0(t) + \ddot{x}^*(t) + \ddot{x}_g(t)$、$\ddot{x}_0(t) + \ddot{x}_i(t) + \ddot{x}_g(t)$、$\ddot{x}_c(t) + \ddot{x}_0(t) + \ddot{x}_g(t)$ 是不同的时间函数，其最大值一般不会同时发生，为此取其平方和开平方根法（SRSS）计算最大值，则有如下公式。

　　内罐设计的剪力：

$$Q_{s\max} = kg\left[(m_i\beta_i)^2 + (m_c\beta_3)^2 \right]^{\frac{1}{2}} = g\left[(\alpha_i m_i)^2 + (\alpha_c m_c)^2 \right]^{\frac{1}{2}} \tag{3.27a}$$

基础设计的总剪力：

$$Q_{t\max} = kg\left[(M^*\beta^*)^2 + (m_i\beta_i)^2 + (m_c\beta_c)^2\right]^{\frac{1}{2}}$$
$$= g\left[(\alpha^*M^*)^2 + (\alpha_i m_i)^2 + (\alpha_c m_c)^2\right]^{\frac{1}{2}} \qquad （3.27\mathrm{b}）$$

用于内罐设计的罐壁基底弯矩：

$$M_{s\max} = g\left[(m_i H_i \alpha_2)^2 + (m_c H_c \alpha_c)^2\right]^{\frac{1}{2}} \qquad （3.27\mathrm{c}）$$

用于基础设计的总基底弯矩：

$$M_{t\max} = g\left[(M^*H^*\alpha^*)^2 + (m_i H_i \alpha_i)^2 + (m_c H_c \alpha_c)^2\right]^{\frac{1}{2}} \qquad （3.27\mathrm{d}）$$

晃动波高：

$$h_{v\max} = 0.837 R\alpha_3 \qquad （3.27\mathrm{e}）$$

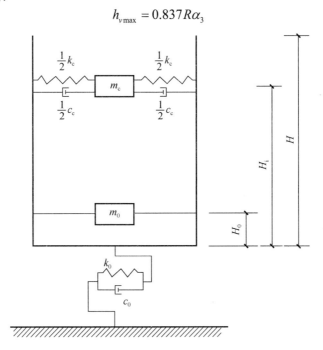

图 3.37　LNG 单容罐隔震设计的简化力学模型

采用《建筑抗震设计规范（2016 年版）》（GB 50011—2010）中的地震系数与地震烈度的对应关系，如 2.3 节所述。

OBE 按基本设防烈度设计，SSE 按罕遇烈度进行设计。T 为结构基本周期，该问题涉及三方面的基本振动周期：外罐基本周期 T^*、对流质量引起的基本周期 T_c、刚性脉冲质量对应的基本周期 T_0。考虑桩基刚度 k_z 的影响，其基本周期见式（3.28）～式（3.30）。

$$T_0 = 2\pi\sqrt{\frac{m_i + m_0}{k_z k_g / k_z + k_g}} \qquad (3.28)$$

$$T_c = 2\pi\sqrt{\frac{m_c}{k_c k_z k_g / k_c + k_g + k_z}} \qquad (3.29)$$

$$T^* = 2\pi\sqrt{\frac{M^*}{k_z k^* k_g / k_z + k^* + k_g}} \qquad (3.30)$$

3.5　LNG 全容罐隔震设计反应谱理论

3.5.1　简化力学模型的提出

工程设计中，在满足精度要求的前提下，为节省计算资源，提高工作效率，模型越简化越好。第二章 EC8 规范和 API650 规范将原刚性壁理论的冲击质量等价为柔性壁理论的冲击质量，并考虑对流质量的影响对储罐进行抗震设计。基于这样的简化思想，考虑图 3.6 的 LNG 储罐基础隔震简化力学模型，将力学模型中的刚性脉冲质量 m_0 纳入柔性脉冲质量 m_i，从而简化为三质点简化力学模型[6]（图 3.38），即外罐等效质量 M^*、柔性脉冲质量 m_i 和对流质量 m_c，其等效高度分别为 H、H_i 和 H_c；外罐等效质量、对流质量和柔性脉冲质量由等效弹簧刚度 k^*、k_c 和 k_i 及阻尼常数 c^*、c_c 和 c_i 与隔震层连接。隔震层刚度和阻尼分别为 k_0 和 c_0。隔震层位移、柔性脉冲位移、对流晃动位移、地面运动位移分别为 $x_0(t)$、$x_i(t)$、$x_c(t)$ 和 $x_g(t)$。

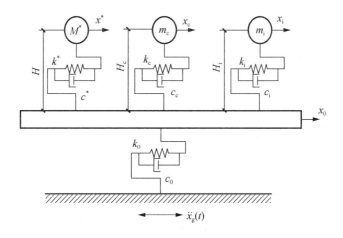

图 3.38　三质点隔震简化力学模型 1

鉴于 LNG 储罐外罐和柔性脉冲质点属于短周期运动，隔震后体系近似平动，根据隔震设计理论，其隔震层刚度和阻尼可近似代替结构的刚度和阻尼。而晃动质点属于长周期运动，与隔震周期相差较远，故仍按抗震设计考虑。从而图 3.38 进一步简化为图 3.39。

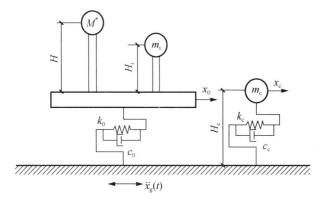

图 3.39　三质点隔震简化力学模型 2

为了验证 LNG 储罐三质点隔震简化力学模型的可行性，在峰值加速度为 0.34g 的 El Centro 波作用下，对隔震周期为 2s、隔震层阻尼比为 0.1 的 LNG 储罐进行地震响应分析，将其与本章四质点简化力学模型进行时程分析地震响应对比，如表 3.25 所示。

表 3.25　LNG 储罐不同简化力学模型地震响应对比

计算工况		基底剪力/（10^8N）	罐壁基底弯矩/（10^9N·m）	晃动波高/m
非隔震	三质点	5.130（4.590）	14.627（7.258）	0.643
	四质点	4.659（4.096）	13.400（6.420）	0.643
隔震	三质点 1	0.826（0.596）	2.547（0.935）	0.658
	三质点 2	0.834（0.583）	2.576（0.922）	0.643
	四质点	0.827（0.581）	2.620（0.800）	0.658

注：括号内数值为内罐设计值。

表 3.25 表明，在非隔震情况下，LNG 储罐三质点简化力学模型基底剪力和罐壁基底弯矩略大于四质点简化力学模型 10%，表明非隔震情况下三质点简化力学模型从工程设计角度来说是偏于安全的，晃动波高没有变化。隔震情况下，三质点模型 1 与四质点模型的基底剪力和罐壁基底弯矩非常接近，两种力学模型对晃动波高没有影响，但较非隔震模型有所放大；三质点模型 2 的基底剪力和罐壁基底弯矩大于三质点模型 1 和四质点模型，对于工程设计来说是偏于安全的，晃动波高与非隔震模型相同。另外，第四章有限元数值分析表明，针对晃动波高需要考虑罐壁弹性变形和晃动分量高阶振型的影响对理论解进行放大修正。

3.5.2 基于反应谱法的大型 LNG 储罐基础隔震响应

针对图 3.38 简化力学模型，基于反应谱理论有以下计算公式。

$$\beta_1 = \frac{\left|\ddot{x}_0(t) + \ddot{x}^*(t) + \ddot{x}_g(t)\right|_{\max}}{\left|\ddot{x}_g(t)\right|_{\max}} \tag{3.31a}$$

$$\beta_2 = \frac{\left|\ddot{x}_0(t) + \ddot{x}_i(t) + \ddot{x}_g(t)\right|_{\max}}{\left|\ddot{x}_g(t)\right|_{\max}} \tag{3.31b}$$

$$\beta_3 = \frac{\left|\ddot{x}_c(t) + \ddot{x}_0(t) + \ddot{x}_g(t)\right|_{\max}}{\left|\ddot{x}_g(t)\right|_{\max}} \tag{3.31c}$$

由于 $\ddot{x}_0(t) + \ddot{x}^*(t) + \ddot{x}_g(t)$、$\ddot{x}_0(t) + \ddot{x}_i(t) + \ddot{x}_g(t)$、$\ddot{x}_c(t) + \ddot{x}_0(t) + \ddot{x}_g(t)$ 是不同的时间函数，其最大值一般不会同时发生，为此取其平方和开平方根法（SRSS）计算最大值。则有如下公式。

用于内罐设计的剪力：

$$Q_{s\max} = kg\left[(m_i\beta_2)^2 + (m_c\beta_3)^2\right]^{\frac{1}{2}} = g\left[(\alpha_2 m_i)^2 + (\alpha_3 m_c)^2\right]^{\frac{1}{2}} \tag{3.32a}$$

用于基础设计的总剪力：

$$Q_{t\max} = kg\left[(M^*\beta_1)^2 + (m_i\beta_2)^2 + (m_c\beta_3)^2\right]^{\frac{1}{2}}$$
$$= g\left[(\alpha_1 M^*)^2 + (\alpha_2 m_i)^2 + (\alpha_3 m_c)^2\right]^{\frac{1}{2}} \tag{3.32b}$$

用于内罐设计的罐壁基底弯矩：

$$M_{s\max} = g\left[(m_i H_i \alpha_2)^2 + (m_c H_c \alpha_3)^2\right]^{\frac{1}{2}} \tag{3.32c}$$

用于基础设计的总基底弯矩：

$$M_{t\max} = g\left[(M^* H \alpha_1)^2 + (m_i H_i' \alpha_2)^2 + (m_c H_c \alpha_3)^2\right]^{\frac{1}{2}} \tag{3.32d}$$

晃动波高：

$$h_{v\max} = 0.837 R\alpha_3 \tag{3.32e}$$

针对图 3.39 简化力学模型，基于反应谱理论可知动力系数 β 为

$$\beta_1 = \frac{\left|\ddot{x}_0(t) + \ddot{x}_g(t)\right|_{\max}}{\left|\ddot{x}_g(t)\right|_{\max}} \tag{3.33a}$$

$$\beta_2 = \frac{\left|\ddot{x}_c(t) + \ddot{x}_g(t)\right|_{\max}}{\left|\ddot{x}_g(t)\right|_{\max}} \tag{3.33b}$$

由于 $\ddot{x}_0(t) + \ddot{x}_g(t)$、$\ddot{x}_c(t) + \ddot{x}_g(t)$ 是不同的时间函数，其最大值一般不会同时发

生，为此取其平方和开平方根法（SRSS）计算最大值，则有如下公式。

用于内罐设计的剪力：

$$Q_{s\max} = kg\left[(m_i\beta_1)^2 + (m_c\beta_2)^2\right]^{\frac{1}{2}} = g\left[(\alpha_1 m_i)^2 + (\alpha_2 m_c)^2\right]^{\frac{1}{2}} \tag{3.34a}$$

用于基础设计的总剪力：

$$Q_{t\max} = kg\left[(M^*\beta_1)^2 + (m_i\beta_1)^2 + (m_c\beta_2)^2\right]^{\frac{1}{2}}$$
$$= g\left[(\alpha_1 M^*)^2 + (\alpha_1 m_i)^2 + (\alpha_2 m_c)^2\right]^{\frac{1}{2}} \tag{3.34b}$$

用于内罐设计的罐壁基底弯矩：

$$M_{s\max} = g\left[(m_i H_i \alpha_1)^2 + (m_c H_c \alpha_2)^2\right]^{\frac{1}{2}} \tag{3.34c}$$

用于基础设计的总基底弯矩：

$$M_{t\max} = g\left[(M^* H \alpha_1)^2 + (m_i H_i' \alpha_1)^2 + (m_c H_c \alpha_2)^2\right]^{\frac{1}{2}} \tag{3.34d}$$

晃动波高：

$$h_{v\max} = 0.837 R \alpha_2 \tag{3.34e}$$

《建筑抗震设计规范（2016 年版）》（GB 50011—2010）中采用的地震系数与地震烈度的对应关系如表 2.14 所示。

3.5.3　LNG 储罐基础隔震反应谱设计基本步骤

在确定隔震层参数后，LNG 储罐基础隔震反应谱设计基本步骤与抗震设计类似，详见 2.4.4 节，此处不再赘述。

3.6　反应谱算例分析

取抗震设防烈度为 9 度，III 类场地，设计地震分组为第一组，场地特征周期为 0.45s，隔震周期为 2s，隔震层阻尼比为 0.1。根据计算简图，$16\times10^4 m^3$ LNG 储罐相关参数如表 3.26 所示。

从表 3.25 中可以看出，外罐质点和柔性脉冲质点为短周期振动，对流质点为长周期振动；对比图 2.26 可知，外罐质点地震影响系数处于直线水平段，柔性脉冲质点地震影响系数处于曲线下降段前期，对流质点地震影响系数处于直线下降段后期，隔震周期处于曲线下降段后期，这也表明隔震后外罐质点和柔性脉冲质点地震影响系数明显降低，能够起到降低地震作用的目的。

表 3.26　$16\times10^4 m^3$ LNG 储罐相关参数

质点	质量/（10^7kg）	有效高度/m	基本周期/s	阻尼比
外罐质点	1.7174	39.689	0.1291	0.05
柔性脉冲质点	4.0235	15.828（27.071）	0.5505	0.02
对流质点	4.2203	20.337	9.7673	0.005

注：括号内数值为考虑底板不对称振动的等效高度。

选取 $16×10^4$m^{3}LNG 储罐，应用反应谱理论针对简化力学模型（图 3.38 和图 3.39）进行地震响应分析，分析结果见表 3.27 和表 3.28。

表 3.27　$16×10^4$m^3 LNG 储罐反应谱地震响应（图 3.38）

工况		基底剪力/（10^8N）		减震率/%	罐壁基底弯矩/（10^9N·m）		减震率/%	晃动波高/m
		隔震	非隔震		隔震	非隔震		
外罐质点		0.299	1.515	80.26	1.187	6.012	80.26	
内罐	柔性脉冲质点	0.761	3.699	79.43	2.061（1.205）	10.002（5.855）	79.39（79.42）	3.180
	对流质点	0.393	0.392	-0.00	0.799	0.797	-0.00	
SRSS 组合		0.907（0.856）	4.017（3.720）	77.42（76.99）	2.509（1.446）	11.708（5.909）	78.57（75.53）	

注：括号内为内罐壁设计值。

表 3.28　$16×10^4$m^3 LNG 储罐反应谱地震响应（图 3.39）

工况		基底剪力/（10^8N）		减震率/%	罐壁基底弯矩/（10^9N·m）		减震率/%	晃动波高/m
		隔震	非隔震		隔震	非隔震		
外罐质点		0.340	1.515	77.56	1.351	6.012	77.53	
内罐	柔性脉冲质点	0.797	3.699	78.45	2.158（1.262）	10.002（5.855）	78.42（78.45）	3.171
	对流质点	0.392	0.392	0.00	0.797	0.797	0.00	
SRSS 组合		0.951（0.888）	4.017（3.720）	76.33（76.13）	2.668（1.492）	11.708（5.909）	76.12（74.75）	

注：括号内为内罐壁设计值。

表 3.27 和表 3.28 表明：基于反应谱理论的隔震 LNG 储罐地震响应明显降低，基底剪力和罐壁基底弯矩减震率达到 75%以上；从各质点地震响应权重来看，柔性脉冲质点基底剪力权重较大，外罐和柔性脉冲质点的罐壁基底弯矩权重相差不大，但均大于对流质点，这也说明隔震主要是对外罐和柔性脉冲质点的地震响应

的减震。由表 3.27 和表 3.28 中 LNG 储罐隔震反应谱分析表明，图 3.39 简化模型
的地震响应偏大于图 3.38 简化模型的地震响应，但在 5%以内，这说明 LNG 储罐
隔震设计时可按图 3.39 进行简化，减少计算工作量，满足工程设计简化和工程安
全要求。

选用 ETABS 结构设计分析软件中的III类场地地震波进行时程分析补充计算，
并将基底剪力与反应谱法对比，计算结果列于表 3.29 中。

表 3.29　16×10^{4}m^3 LNG 储罐时程分析地震响应

| 地震波 | 基底剪力/（10^{8}N） | | 减震率/% | 与反应谱对比/% | | 晃动波高/m |
	隔震	非隔震		隔震	非隔震	
CPC1	2.02	4.529	55.40	212.41	112.75	0.252 9
CPC2	1.238	4.724	73.80	130.18	117.60	0.351 2
EMC1	0.423	2.694	84.30	44.48	67.06	0.160 8
EMC2	0.688	3.171	78.30	72.34	78.94	0.160 5
LWD1	0.941	4.071	76.89	98.95	101.34	0.198 0
LWD2	1.082	3.320	67.41	113.77	82.65	0.142 7
PEL1	1.552	3.198	51.47	163.20	79.61	0.730 1
PEL2	0.776	3.941	80.31	79.92	98.11	0.635 6
Lanzhoubo1	1.235	3.706	66.69	129.86	92.26	0.659 2
Lanzhoubo2	0.729	1.864	60.89	76.66	46.40	0.577 6

从表 3.29 中可以看出，虽然场地类别相同，但由于地震波的随机性，每条地
震波的地震响应也不同，有时差别很大。根据上述选波规则及对计算结果的评定，
隔震时，有效的地震波计算结果分别是 CPC1、CPC2、EMC1、EMC2、LWD1、
LWD2、PEL1、PEL2、Lanzhoubo1、Lanzhoubo2，其基底剪力平均值为 1.068×10^{8}N，
为反应谱设计值的 112.34%，大于 80%，小于 120%，计算结果有效，取时程分析
和反应谱计算值的较大值 0.951×10^{8}N，相应基底弯矩为 2.668×10^{9}N·m。对于晃动
波高来说，反应谱设计值大于时程分析值，安全起见，取反应谱值 3.171m，这是
因为对流质点为长周期振动，根据反应谱相关理论加速度时程能较好地反映短周
期振动，速度时程反映中短周期振动，位移时程反映长周期振动，所以取反应谱
设计值是偏于安全的。

参 考 文 献

[1] 孙建刚. 大型立式储罐隔震——理论、方法及实验[M]. 北京：科学出版社，2009.

[2] 孙建刚，崔利富，王振，等. 立式储罐叠层橡胶隔震 3 阶段设计[J]. 哈尔滨工业大学学报（EI 检索：20113314234426），2011, 43(6)：118-121.

[3] 孙建刚，崔利富，杜蓬娟，等. 立式浮顶储罐基础隔震地震响应研究[J]. 哈尔滨工业大学学报（EI 检索：20114114415176），2011, 43(8)：140-144.

[4] 孙建刚，李德昌，崔利富，等. 非线性隔震立式浮顶储罐双向地震作用分析[J]. 世界地震工程，2011, 27(2)：70-76.

[5] 孙建刚，崔利富，郑建华. 大型全容式 LNG 储罐基础隔震地震响应分析[J]. 哈尔滨工业大学学报，2012, 44(8)：136-142.

[6] 崔利富. 大型 LNG 储罐基础隔震与晃动控制研究[D]. 大连: 大连海事大学，2012.

第四章 $16 \times 10^4 m^3$ LNG 全容罐抗震数值仿真分析

数值模拟可以理解为用计算机来做试验，本章采用有限元软件 ADINA 进行数值仿真分析。该软件由 ADINA R&D 公司开发，1986 年世界著名的有限元技术专家 K. J. Bathe 博士及其同事创建了 ADINA R&D 公司。该软件拥有丰富和完善的单元、材料属性和求解器，能高效地求解结构的静力和动力分析、线性和非线性分析、模态分析以及液固耦合分析等问题。ADINA 软件以其领先的计算理论、对非线性问题的稳定求解等获得全球用户的好评，被誉为有限元软件中的精品。本章采用数值仿真分析方法建立 $16 \times 10^4 m^3$ LNG 储罐，计算了刚性地基储罐、考虑土与储罐相互作用和考虑桩土相互作用储罐的地震响应；分析了各类场地条件下地震响应的差异、各类响应随时间和几何的分布规律；并对比了数值仿真与理论模型结果的差异率。

4.1 有限元模型的建立

4.1.1 模型的几何参数和材料属性

本章建立了 $16 \times 10^4 m^3$ 全容式 LNG 储罐模型，分别为刚性地基 LNG 储罐与 80m 桩土 LNG 储罐。上部结构分为钢制内罐与混凝土外罐，忽略内、外罐之间的保温层。内罐材料采用 9%Ni 钢，考虑材料的非线性，采用双线性强化模型，内罐直径为 80m，按从下到上分为 10 环，每环高度均为 3.543m，罐壁厚度随高度逐渐变小，见表 4.1。

表 4.1 LNG 储罐内罐参数

内罐壁	环次	钢环高度/m	环顶高度/m	壁厚/mm
	1	3.543	3.543	24.9
	2	3.543	7.086	22.4
	3	3.543	10.629	19.8
	4	3.543	14.172	17.3
自罐底处开始向上划分，从第 1 环到第 10 环	5	3.543	17.715	14.7
	6	3.543	21.258	12.2
	7	3.543	24.801	12
	8	3.543	28.344	12
	9	3.543	31.887	12
	10	3.543	35.430	12

混凝土外罐分为预应力混凝土壁墙、钢筋混凝土底板（兼桩基承台板）、球壳形钢筋混凝土穹顶。外罐壁厚 0.8m、高 38.55m，外罐直径 82m，穹顶边缘厚 0.8m，中心厚 0.4m，底板厚 0.9m。内罐与外罐间隔 1m。当储罐处于满罐状态时，其储液高度为 34.26m。本书中桩土 LNG 储罐模型采用的桩基础直径为 1.2m，桩长为 80m。图 4.1 为 LNG 储罐剖面示意图。对于桩土 LNG 储罐，桩基布置为中间部分采用三角形布置，外部两圈环形布置，桩基布置如图 4.2 所示。

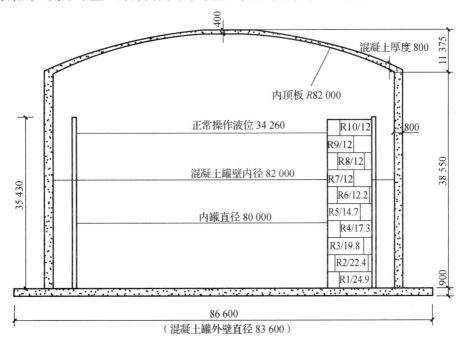

图 4.1　LNG 储罐剖面示意图（单位：mm）

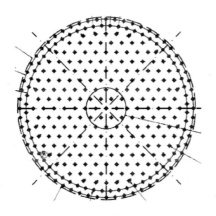

图 4.2　桩基布置图

罐内液体为液化天然气，LNG 储罐基本材料参数见表 4.2。

表 4.2　LNG 储罐基本材料参数

9%Ni 钢	密度/（kg/m³）	7850
	弹性模量/（N/mm²）	2.06
	泊松比	0.3
	屈服强度/MPa	4.90
	剪切模量（N/mm²）	2.00
预应力混凝土	密度/（kg/m³）	2500
	弹性模量/（N/mm²）	3.45
	泊松比	0.17
液体：液化天然气（LNG）	密度/（kg/m³）	480
	弹性模量/（N/mm²）	2.56

4.1.2　坐标系、单元的选取和网格选取

储罐系统采用直角坐标体系，如图 4.3 所示，坐标原点在储罐底板中心。

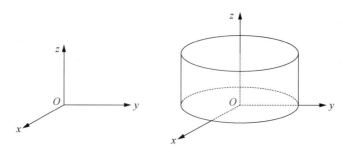

图 4.3　LNG 储罐几何直角坐标系

结构是复杂的曲边和曲面外形，故选择等参单元进行模拟。一方面，单元能很好地适应曲线边界和曲面边界，准确地模拟结构形状；另一方面，这种单元要具有较高次的位移模式，能更好地反映结构的复杂应力分布情况，即使单元网格划分比较稀疏，也可以得到比较好的计算精度。对于单元的选取，模型分为以下几个部分。

1）内罐壁板及底板

内罐壁板及底板的厚度相对于高度（或直径）数值较小，可视为薄壁结构，因此可以采用壳单元（shell element），ADINA 中的壳单元如图 4.4 所示。

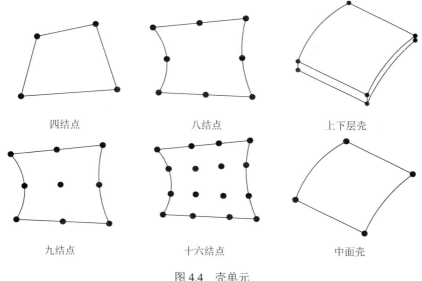

四结点　　　　　　八结点　　　　　　上下层壳

九结点　　　　　　十六结点　　　　　　中面壳

图 4.4　壳单元

ADINA 中壳单元的理论假设如下。

（1）材料微观粒子的初始方向与中面法线方向一致，并且在变形时保持不变。

（2）沿中面法线方向的应力为零。

然而，四边形单元比简单三角形单元能更好地反映实际应力变化的情况。因此，内罐壁板及底板的单元采用四结点等参单元。在有限元分析中，实际为曲面薄壳问题，曲面薄壳可以准确地代表各种复杂的壳体外形，也完全满足了变形连续条件。

如图 4.5 所示，在有限元分析中实际为曲面薄壳问题，(x,y,z) 构成整体坐标系，(ξ,η,ζ) 构成局部坐标系（曲面坐标），在壳体中面上布置 $s(s=4)$ 个结点，中面上任一点的坐标可表示如下：

$$x = \sum_{i=1}^{s} N_i x_i, \quad y = \sum_{i=1}^{s} N_i y_i, \quad z = \sum_{i=1}^{s} N_i z_i \tag{4.1}$$

式中：N_i 为形函数。

变形前单元内任一点的坐标为

$$x^0(\xi,\eta,\zeta) = \sum_{i=1}^{s} N_i(\xi,\eta)x_i^0 + \frac{\zeta}{2}\sum_{i=1}^{s} N_i(\xi,\eta)t_i V_{nx}^{i0} \tag{4.2}$$

$$y^0(\xi,\eta,\zeta) = \sum_{i=1}^{s} N_i(\xi,\eta)y_i^0 + \frac{\zeta}{2}\sum_{i=1}^{s} N_i(\xi,\eta)t_i V_{ny}^{i0} \tag{4.3}$$

$$z^0(\xi,\eta,\zeta) = \sum_{i=1}^{s} N_i(\xi,\eta)z_i^0 + \frac{\zeta}{2}\sum_{i=1}^{s} N_i(\xi,\eta)t_i V_{nz}^{i0} \tag{4.4}$$

式中：x_i^0、y_i^0、z_i^0 分别为变形前的结点坐标；V_{nx}^{i0}、V_{ny}^{i0}、V_{nz}^{i0} 分别为单位矢量 V_n^{i0}

在 x、y、z 方向的分量；V_n^{i0} 为变形前结点 i 在壳体中面法线方向的单位矢量；t_i 为 i 点壳厚度。

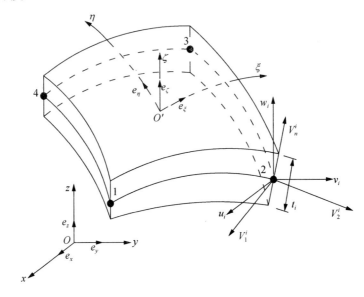

图 4.5　结点壳单元结点坐标和位移形式

变形后任一点的坐标为

$$x(\xi,\eta,\zeta) = \sum_{i=1}^{s} N_i x_i + \frac{\zeta}{2}\sum_{i=1}^{s} N_i t_i V_{nx}^{i1} \qquad (4.5)$$

$$y(\xi,\eta,\zeta) = \sum_{i=1}^{s} N_i y_i + \frac{\zeta}{2}\sum_{i=1}^{s} N_i t_i V_{ny}^{i1} \qquad (4.6)$$

$$z(\xi,\eta,\zeta) = \sum_{i=1}^{s} N_i z_i + \frac{\zeta}{2}\sum_{i=1}^{s} N_i t_i V_{nz}^{i1} \qquad (4.7)$$

单元内任一点的位移分量如下：

$$u(\xi,\eta,\zeta) = \sum_{i=1}^{s} N_i u_i + \frac{\zeta}{2}\sum_{i=1}^{s} N_i t_i V_{nx}^{i} \qquad (4.8)$$

$$v(\xi,\eta,\zeta) = \sum_{i=1}^{s} N_i v_i + \frac{\zeta}{2}\sum_{i=1}^{s} N_i t_i V_{ny}^{i} \qquad (4.9)$$

$$w(\xi,\eta,\zeta) = \sum_{i=1}^{s} N_i w_i + \frac{\zeta}{2}\sum_{i=1}^{s} N_i t_i V_{nz}^{i} \qquad (4.10)$$

其中

$$V_n^{i} = V_n^{i1} - V_n^{i2} \qquad (4.11)$$

V_{nx}^{i}、V_{ny}^{i}、V_{nz}^{i} 为 V_n^{i} 的三个分量，可用结点 i 的转动表示，定义正交于 V_n^{i0} 的两个矢量 V_1^{i0} 和 V_2^{i0}。

令 V_1^{i0} 同时正交于 y 轴和 V_n^{i0} 的单位矢量，即

$$V_1^{i0} = \frac{e_y \times V_n^{i0}}{\left| e_y \times V_n^{i0} \right|} \tag{4.12}$$

式中：e_y 为 y 轴方向的单位向量。

令 V_2^{i0} 正交于 V_n^{i0} 和 V_1^{i0}，则

$$V_2^{i0} = V_n^{i0} \times V_1^{i0} \tag{4.13}$$

设 α_i 和 β_i 分别是中面法线 V_n^{i0} 绕矢量 V_1^{i0} 和 V_2^{i0} 的转角，由于 α_i 和 β_i 都是小量，有

$$V_n^1 = -V_2^{i0}\alpha_i + V_1^{i0}\beta_i \tag{4.14}$$

单元内任一点的位移分量变为

$$u(\xi,\eta,\zeta) = \sum_{i=1}^{s} N_i u_i + \frac{\zeta}{2}\sum_{i=1}^{s} N_i t_i (-V_{2x}^{i0}\alpha_i + V_{1x}^{i0}\beta_i) \tag{4.15}$$

$$v(\xi,\eta,\zeta) = \sum_{i=1}^{s} N_i v_i + \frac{\zeta}{2}\sum_{i=1}^{s} N_i t_i (-V_{2y}^{i0}\alpha_i + V_{1y}^{i0}\beta_i) \tag{4.16}$$

$$w(\xi,\eta,\zeta) = \sum_{i=1}^{s} N_i w_i + \frac{\zeta}{2}\sum_{i=1}^{s} N_i t_i (-V_{2z}^{i0}\alpha_i + V_{1z}^{i0}\beta_i) \tag{4.17}$$

由 $u(\xi,\eta,\zeta)$ 对 ξ、η、ζ 求偏导数，得到

$$\begin{bmatrix} \dfrac{\partial u}{\partial \xi} \\[2mm] \dfrac{\partial u}{\partial \eta} \\[2mm] \dfrac{\partial u}{\partial \zeta} \end{bmatrix} = \sum_{i=1}^{s} \begin{bmatrix} \dfrac{\partial N_i}{\partial \xi}\begin{bmatrix} 1 & \zeta g_{1x}^i & \zeta g_{2x}^i \end{bmatrix} \\[3mm] \dfrac{\partial N_i}{\partial \eta}\begin{bmatrix} 1 & \zeta g_{1x}^i & \zeta g_{2x}^i \end{bmatrix} \\[3mm] N_i\begin{bmatrix} 0 & g_{1x}^i & g_{2x}^i \end{bmatrix} \end{bmatrix} \begin{bmatrix} \mu_i \\[2mm] \alpha_i \\[2mm] \beta_i \end{bmatrix} \tag{4.18}$$

其中

$$g_1^i = -\frac{1}{2}t_i V_2^{i0} \tag{4.19}$$

$$g_2^i = -\frac{1}{2}t_i V_1^{i0} \tag{4.20}$$

$$\begin{bmatrix} \dfrac{\partial}{\partial x} \\[2mm] \dfrac{\partial}{\partial y} \\[2mm] \dfrac{\partial}{\partial z} \end{bmatrix} = J_{12}^{-1} \begin{bmatrix} \dfrac{\partial}{\partial \xi} \\[2mm] \dfrac{\partial}{\partial \eta} \\[2mm] \dfrac{\partial}{\partial \zeta} \end{bmatrix} \tag{4.21}$$

$$\boldsymbol{J} = \begin{vmatrix} \dfrac{\partial x}{\partial \xi} & \dfrac{\partial y}{\partial \xi} & \dfrac{\partial z}{\partial \xi} \\[2mm] \dfrac{\partial x}{\partial \eta} & \dfrac{\partial y}{\partial \eta} & \dfrac{\partial z}{\partial \eta} \\[2mm] \dfrac{\partial x}{\partial \zeta} & \dfrac{\partial y}{\partial \zeta} & \dfrac{\partial z}{\partial \zeta} \end{vmatrix} \tag{4.22}$$

$$\begin{bmatrix} \dfrac{\partial u}{\partial \xi} \\[2mm] \dfrac{\partial u}{\partial \eta} \\[2mm] \dfrac{\partial u}{\partial \zeta} \end{bmatrix} = \sum_{i=1}^{s} \begin{bmatrix} \dfrac{\partial N_i}{\partial x} & g_{1x}^i G_x^i & g_{2x}^i G_x^i \\[2mm] \dfrac{\partial N_i}{\partial y} & g_{1x}^i G_y^i & g_{2x}^i G_y^i \\[2mm] \dfrac{\partial N_i}{\partial z} & g_{1x}^i G_z^i & g_{2x}^i G_z^i \end{bmatrix} \begin{bmatrix} \mu_i \\[2mm] \alpha_i \\[2mm] \beta_i \end{bmatrix} \tag{4.23}$$

其中

$$\frac{\partial N_i}{\partial x} = J_{11}^{-1} \frac{\partial N_i}{\partial \xi} + J_{12}^{-1} \frac{\partial N_i}{\partial \eta} \tag{4.24}$$

$$G_x^i = \xi \left(J_{11}^{-1} \frac{\partial N_i}{\partial \xi} + J_{12}^{-1} \frac{\partial N_i}{\partial \eta} \right) + J_{13}^{-1} N_i \tag{4.25}$$

式中：$\boldsymbol{J}$ 为雅可比矩阵；J_{ij}^{-1} 是 J^{-1} 的 (i, j) 元素。同样可以求出 v、w 的偏导数。

由此得到壳体内任一点的应变与结点位移的关系为

$$\boldsymbol{\varepsilon} = \boldsymbol{B}\boldsymbol{\delta} = [B_1 \quad B_2 \quad \cdots \quad B_s]\boldsymbol{\delta} \tag{4.26}$$

应变分量

$$\boldsymbol{\varepsilon} = [\varepsilon_x \quad \varepsilon_y \quad \varepsilon_z \quad \gamma_{xy} \quad \gamma_{yz} \quad \gamma_{zx}]^{\mathrm{T}} \tag{4.27}$$

位移分量

$$\boldsymbol{\delta} = [u_1 \quad v_1 \quad w_1 \quad \alpha_1 \quad \beta_1 \quad \cdots \quad u_s \quad v_s \quad w_s \quad \alpha_s \quad \beta_s]^{\mathrm{T}} \tag{4.28}$$

假定壳体中面法线方向的正应力 $\sigma_\zeta = 0$，壳体内任一点的应力-应变关系为

$$\boldsymbol{\sigma} = \boldsymbol{D}_{sh}\boldsymbol{\varepsilon} \tag{4.29}$$

其中

$$\boldsymbol{\sigma} = [\sigma_x \quad \sigma_y \quad \sigma_z \quad \tau_{xy} \quad \tau_{yz} \quad \tau_{zx}]^{\mathrm{T}} \tag{4.30}$$

$$D_{sh} = Q_{sh}^{\mathrm{T}} \frac{E}{1-\mu^2} \begin{pmatrix} 1 & \mu & 0 & 0 & 0 & 0 \\ & 1 & 0 & 0 & 0 & 0 \\ & & 0 & 0 & 0 & 0 \\ & & & \dfrac{1-\mu}{2} & 0 & 0 \\ & & & & \dfrac{1-\mu}{2} & 0 \\ & & & & & \dfrac{1-\mu}{2} \end{pmatrix} Q_{sh} \qquad (4.31)$$

式中：σ 为应力分量；D_{sh} 为弹性矩阵。

矩阵 Q_{sh} 把应力-应变关系从局部坐标系 (x, y, z) 变换到整体坐标系 (ξ, η, ζ)。

Q_{sh} 的元素可用 ξ, η, ζ 在 (x, y, z) 坐标系的方向余弦表示如下：

$$Q_{sh} = \begin{bmatrix} l_1^2 & m_1^2 & n_1^2 & l_1 m_1 & m_1 n_1 & n_1 l_1 \\ l_2^2 & m_2^2 & n_2^2 & l_2 m_2 & m_2 n_2 & n_2 l_2 \\ l_3^2 & m_3^2 & n_3^2 & l_3 m_3 & m_3 n_3 & n_3 l_3 \\ 2l_1 l_2 & 2m_1 m_2 & 2n_1 n_2 & l_1 m_2 + l_2 m_1 & m_1 n_2 + m_2 n_1 & n_1 l_2 + n_2 l_1 \\ 2l_2 l_3 & 2m_2 m_3 & 2n_2 n_3 & l_2 m_3 + l_3 m_2 & m_2 n_3 + m_3 n_2 & n_2 l_3 + n_3 l_2 \\ 2l_3 l_1 & 2m_3 m_1 & 2n_3 n_1 & l_3 m_1 + l_1 m_3 & m_3 n_1 + m_1 n_3 & n_3 l_1 + n_1 l_3 \end{bmatrix} \qquad (4.32)$$

其中

$$l_1 = \cos(e_x, e_\xi), \quad m_1 = \cos(e_y, e_\xi), \quad n_1 = \cos(e_z, e_\xi) \qquad (4.33)$$

$$l_2 = \cos(e_x, e_\eta), \quad m_2 = \cos(e_y, e_\eta), \quad n_2 = \cos(e_z, e_\eta) \qquad (4.34)$$

$$l_3 = \cos(e_x, e_\zeta), \quad m_3 = \cos(e_y, e_\zeta), \quad n_3 = \cos(e_z, e_\zeta) \qquad (4.35)$$

单元刚度矩阵：

$$k = \iiint_V B^{\mathrm{T}} D_{sh} B \mathrm{d}x\mathrm{d}y\mathrm{d}z = \int_{-1}^{1}\int_{-1}^{1}\int_{-1}^{1} B^{\mathrm{T}} D_{sh} B |J| \mathrm{d}\xi\mathrm{d}\eta\mathrm{d}\zeta \qquad (4.36)$$

式中：D_{sh} 为弹性矩阵，即已知材料参数矩阵。

2）外罐壁板、底板及罐顶

外罐壁板、底板及罐顶均是具有较大厚度的混凝土实体，因此采用三维实体单元，ADINA 中的三维实体单元如图 4.6 所示。六面体单元在有限元分析中应用最为广泛，而为了达到很好的计算精度要求，外罐壁板、底板及罐顶单元选择八结点六面体等参单元。

如图 4.7 所示，与前面的曲面薄壳单元类似，三维八结点六面体单元上布置了 m $(m=8)$ 个结点。

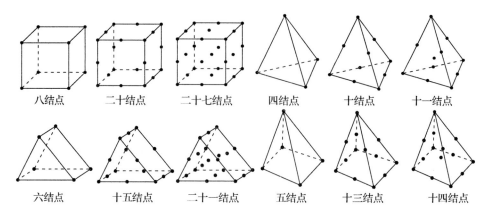

八结点 二十结点 二十七结点 四结点 十结点 十一结点

六结点 十五结点 二十一结点 五结点 十三结点 十四结点

图 4.6 三维实体单元

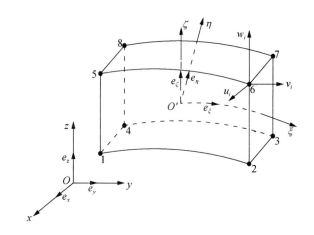

图 4.7 三维八结点六面体单元坐标和位移形式

位移函数为

$$u(\xi,\eta,\zeta) = \sum_{i=1}^{m} N_i u_i \tag{4.37}$$

$$v(\xi,\eta,\zeta) = \sum_{i=1}^{m} N_i v_i \tag{4.38}$$

$$w(\xi,\eta,\zeta) = \sum_{i=1}^{m} N_i w_i \tag{4.39}$$

差值函数为

$$N_i = \frac{1}{8}(1+\xi_i\xi)(1+\eta_i\eta)(1+\zeta_i\zeta) \quad (i=1,2,3,\cdots,m) \tag{4.40}$$

应变-位移关系

$$\boldsymbol{\varepsilon} = \boldsymbol{B}\boldsymbol{\delta} = [B_1 \quad B_2 \quad \cdots \quad B_m]\boldsymbol{\delta} \tag{4.41}$$

几何矩阵子矩阵为

$$B_i = \begin{bmatrix} \dfrac{\partial N_i}{\partial x} & & \\ & \dfrac{\partial N_i}{\partial y} & \\ & & \dfrac{\partial N_i}{\partial z} \\ \dfrac{\partial N_i}{\partial y} & \dfrac{\partial N_i}{\partial x} & \\ & \dfrac{\partial N_i}{\partial z} & \dfrac{\partial N_i}{\partial y} \\ \dfrac{\partial N_i}{\partial z} & & \dfrac{\partial N_i}{\partial x} \end{bmatrix} \quad (i = 1, 2, 3, \cdots, m) \tag{4.42}$$

单元刚度矩阵见式（4.36）。

应力-应变关系：

$$\sigma = D\varepsilon \tag{4.43}$$

3）储液

本章的流体采用三维流体单元，液面为自由面单元，其他为体面单元，ADINA 中的流体单元如图 4.8 所示。在 ADINA 中，普通三维流体单元假设：①流体无黏，没有旋涡，没有热传递；②流体不可压缩或几乎不可压缩；③流体边界有相对很小的位移或没有位移；④实际的流体流速小于声速或没有流体流动。

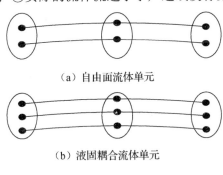

（a）自由面流体单元

（b）液固耦合流体单元

图 4.8　流体单元

4）桩基础

在 ADINA 中桩基础用 Beam 单元建立，Beam 单元可以定义界面形式和大小，这一方法物理概念清晰，简化了模型，减少了计算工作量，在地基的设计中被广泛应用。

5）土体

桩周土体用相互独立、具有集中质量的弹簧-阻尼器来代替，即 Spring 单元。

该单元可以考虑土抗力沿深度的变化和土体的成层状性质，同时还可以考虑土的非线性性质，建模简单，运算较快，精确度较好。

4.1.3　16×10⁴m³ LNG 全容罐有限元模型

根据本章 4.1.1 节、4.1.2 节所介绍的模型尺寸和单元建立了刚性地基 LNG 储罐与 80m 桩土 LNG 储罐。假设储液为无旋、无黏、不可压缩的理想流体，设置自由液面，边界与内罐壁结点不拟合。采用该种方法进行模拟时对结构输入加速度时程，对于刚性地基储罐选用地表波进行计算，对于桩土 LNG 储罐选用基岩波进行计算。图 4.9 和图 4.10 即为理想流体情况下两种储罐有限元模型。

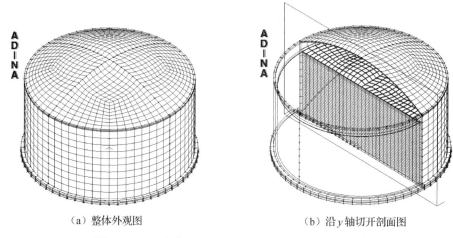

（a）整体外观图　　　　　　　　　（b）沿 y 轴切开剖面图

图 4.9　16×10⁴m³ 刚性地基 LNG 储罐整体有限元模型

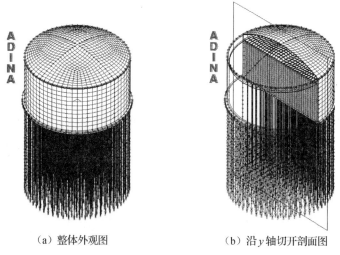

（a）整体外观图　　　　　　　　　（b）沿 y 轴切开剖面图

图 4.10　16×10⁴m³ 桩土 LNG 储罐整体有限元模型

4.2　刚性地基 16×10⁴m³ LNG 全容罐抗震数值仿真分析

本节做了刚性地基储罐的动特性分析并计算了在抗震工况下的地震响应，采用势流体计算方法，选取 Ⅰ、Ⅱ、Ⅲ、Ⅳ 类场地各 4 条地震波进行计算，加速度峰值为 0.34g。对计算所得出的数据进行对比与分析，明确场地对储罐抗震性能的影响，同时也将数值仿真解与理论解进行对比，验证简化力学模型的合理性，为 LNG 储罐的抗震设计提供参考依据。

4.2.1　储罐动力特性分析

为了研究 LNG 储罐的地震响应，首先要了解 LNG 储罐结构的固有动力特性，本章应用 ADINA 有限元软件对 LNG 储罐进行动力特性分析。

考虑 LNG 储罐内、外罐的耦联作用，研究内、外罐的相互作用。建立两种模型：一种是内、外罐分离的独立模型；另一种是内、外罐连在一起的整体模型。在求解系统液固耦合频率时，分两种情况进行分析：一种是不考虑液面的晃动；一种是考虑液面的晃动。

1）内罐液固耦合振动的频率和振型分析

当不考虑液面晃动时将输出系统的液固耦合振动模态，LNG 储罐内罐属于薄壁壳体结构，通过计算分析可以看出，内罐液固耦合的振动形式比较密集，有 $\cos n\theta$ 环向多波振型，分为无扭振型和有扭振型，有 $\cos n\theta$ 型梁式振型，由于 LNG 储罐内罐结构及边界条件都是对称的，出现同波异向振型。$\cos n\theta$ 环向多波振型在圆周方向呈花瓣形，该类振型杂乱无章，参与系数也很小，储罐在地震荷载激励下很难被激发，并不是 LNG 储罐内罐的主要动力特性，其振型如图 4.11 所示。

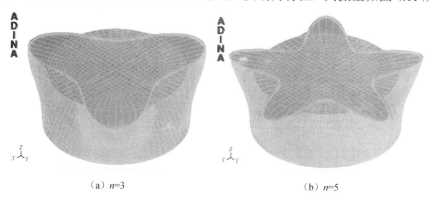

（a）n=3　　　　　　　　　　　　　（b）n=5

图 4.11　LNG 储罐内罐液固耦合固有振动 $\cos n\theta$ 环向多波振型

观察结果发现，LNG 内罐液固耦合的振动形式以 $\cos n\theta$ 型梁式振型为主，该振动形式在工程上是十分重要的。$n=1$ 时一阶梁式振型比较典型且容易确定，但是后面几阶的振型需通过振型参与系数确定。单体计算时，选取当 $n=1$ 时的前四阶振型，如图 4.12 所示。

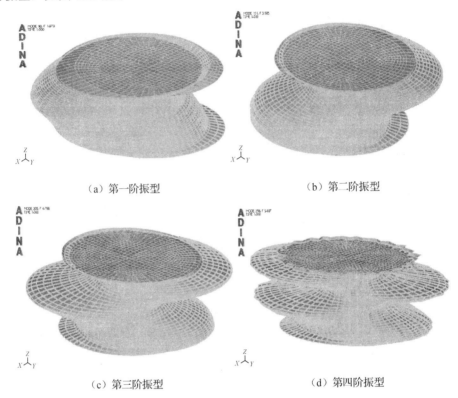

（a）第一阶振型　　　　　　　　　　（b）第二阶振型

（c）第三阶振型　　　　　　　　　　（d）第四阶振型

图 4.12　LNG 储罐内罐液固耦合梁式振动 $\cos n\theta$，$n=1$ 时前四阶振型

由图 4.12 可见，单体计算时，内罐液固耦合梁式振动 $\cos n\theta$，$n=1$ 时的前四阶频率分别为 1.979Hz、3.595Hz、4.766Hz、5.697Hz。整体计算时振型相同，频率不同，前 4 阶频率分别为 1.346Hz、2.482Hz、3.347Hz、4.085Hz。

2）内罐液体晃动的频率和振型分析

液面自由晃动容易导致储液越过盖板外溢，这就需要分析储液自由表面的晃动特性。分析液体的晃动，需要设定液体表面为自由液面。对于液体的晃动，一般比较关心的是竖直方向的晃动。单体计算时内罐液面晃动的前四阶振型如图 4.13 所示。

由图 4.13 可知，单体计算时，储罐液体晃动主要在液面附近，表现为液体的竖向振动。液体晃动的频率比内罐液固耦合振动固有频率小很多，前四阶频率分别为 0.1044Hz、0.1848Hz、0.2345Hz、0.2760Hz，频率在 0.1044~0.2760Hz 之间变化；整体计算时，内罐液体晃动振型与单体计算的相同，频率有些不同，前四阶频率分别为 0.1024Hz、0.1831Hz、0.2333Hz、0.2757Hz，固有频率非常密集，在长周期地震荷载激励下很容易被激发。

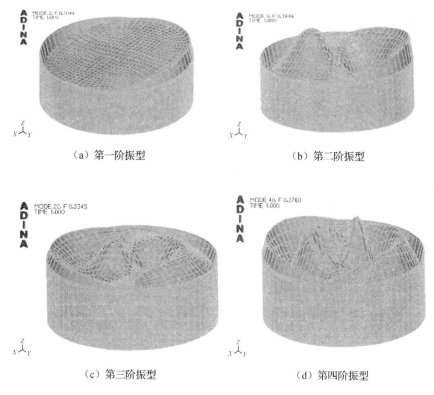

（a）第一阶振型　　　　　　　　　　（b）第二阶振型

（c）第三阶振型　　　　　　　　　　（d）第四阶振型

图 4.13　LNG 储罐内罐液面晃动的前四阶振型

3）内罐模态分析的理论验证

LNG 储罐内罐结构具有直径大、薄壁的特点，因此内罐的动特性分析可以参照油罐的相关理论和规范。为验证 ADINA 程序计算内罐液固耦合及液面晃动模态的正确性，将结果与《立式圆筒形钢制焊接油罐设计规范》（GB 50341—2014）中近似计算公式进行比较。

按照《立式圆筒形钢制焊接油罐设计规范》（GB 50341—2014）标准，储罐的液固耦合振动基本周期应按式（4.44）计算：

$$T_c = K_c H_w \sqrt{\frac{R}{\delta_3}} \qquad (4.44)$$

式中：T_c 为储罐与储液耦合振动基本周期；R 为储罐内半径；δ_3 为罐壁距底板 1/3 高度处的有效厚度，即该处罐壁的名义厚度减去腐蚀裕量及钢板厚度负偏差；H_w 为储罐设计液深；K_c 为耦合振动周期系数，根据 D/H_w 值查表确定，中间值采用插入法计算。

根据《立式圆筒形钢制焊接油罐设计规范》（GB 50341—2014）标准，液面晃动基本周期应按式（4.45）计算：

$$T_w = K_s \sqrt{D} \qquad (4.45)$$

式中：T_w 为储罐液面晃动基本周期；K_s 为晃动周期系数，根据 D/H_w 值查表确定；D 为储罐内径。

ADINA 有限元程序与规范近似公式计算的 $16 \times 10^4 \text{m}^3$ LNG 储罐内罐液固耦合振动周期和液体晃动周期的比较见表 4.3。

表 4.3　$16 \times 10^4 \text{m}^3$ LNG 储罐内罐液固耦合振动周期和液体晃动周期的比较

周期	模型	有限元算法 T' /s	规范算法 T /s	误差/% $\dfrac{\lvert T'-T \rvert}{T} \times 100\%$
液固耦合振动周期	单体计算	0.505	0.482	4.77
	整体计算	0.742		53.94
液面晃动周期	单体计算	9.578	9.792	2.19
	整体计算	9.766		0.26

由表 4.3 可见，对储罐进行模态分析，当不考虑储液的液面晃动时，单体计算的内罐液固耦合振动周期结果与规范计算结果接近，整体计算时误差较大，说明在耦联作用的影响下，LNG 储罐外罐对内罐的动力特性影响较大；当考虑液面的自由晃动时，单体计算和整体计算下液体晃动的周期和规范计算的结果比较误差都比较小，说明有限元算法和规范算法很接近，也可以看到整体计算时的误差比单体计算时的误差更小，说明 LNG 储罐内、外罐的耦合作用对内罐储液的晃动影响比较小，而且整体计算条件下更符合规范的计算方法，更加合理。

4）外罐固有振动的频率和振型分析

通过 ADINA 计算外罐的固有振动特性，可以看出外罐的振型比较丰富。当不考虑穿顶竖向约束时，外罐最先被激发出来的是罐顶和罐壁的共同振动，其振型见图 4.14。由此可知，罐顶的基本振动频率和罐壁的固有频率比较相近，罐壁固有振动被激发的同时罐顶也在进行其固有振动，罐顶的振动比较密集，竖向振动很明显。

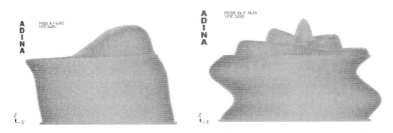

图 4.14　LNG 储罐穿顶和外罐壁共同振动的振型

为了更好地研究 LNG 储罐外罐壁的动力特性，不考虑罐顶的振动，将罐顶竖向振动约束，计算外罐壁的固有频率。外罐壁的振动形式与内罐壁液固耦合的振动形式相似。外罐壁上部与穹顶锚固，因此最先被激励出环向多波振型，之后出现了伸缩振型，见图 4.15。从模态振型可以看出，外罐的振动形式也以 $\cos n\theta$ 型梁式振型为主，同时也出现同波异向振型。单体计算时，提取外罐梁式振动 $\cos n\theta$，$n=1$ 时的前四阶振型如图 4.16 所示。

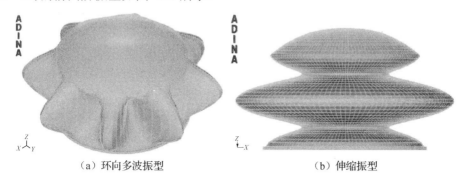

（a）环向多波振型　　　　　　　　　（b）伸缩振型

图 4.15　LNG 储罐外罐振型

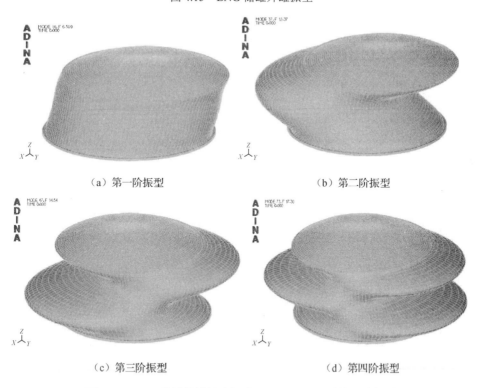

（a）第一阶振型　　　　　　　　　（b）第二阶振型

（c）第三阶振型　　　　　　　　　（d）第四阶振型

图 4.16　LNG 储罐外罐梁式振动 $\cos n\theta$，$n=1$ 时前四阶振型

可以看出，单体计算时，LNG 储罐外罐梁式振动 $\cos n\theta$，$n=1$ 时的前四阶频率分别为 6.509Hz、12.37Hz、14.54Hz、17.30Hz，频率范围在 6.509～17.30Hz 之间；整体计算时，外罐的振型与单体计算时的一样，频率不同，前四阶频率分别

为 7.638Hz、15.76Hz、18.38Hz、22.47Hz，外罐基本振动频率比内罐液固耦合振动频率高，是 LNG 储罐系统中的高频振动。由单体计算和整体计算的结果可以看出，整体计算下外罐的固有频率较大，说明内罐对外罐的固有振动有一定的影响，在内外罐耦合作用下外罐的频率加大，振动周期变小。

总结单体计算和整体计算 LNG 储罐内外罐动力特性的计算结果，见表 4.4。

表 4.4　LNG 储罐内外罐动力特性计算结果

振型	频率/Hz					
	液固耦合		液体晃动		外罐	
	单体计算	整体计算	单体计算	整体计算	单体计算	整体计算
第一阶	1.979	1.346	0.1044	0.1024	6.509	7.638
第二阶	3.595	2.482	0.1848	0.1831	12.370	15.760
第三阶	4.766	3.347	0.2345	0.2333	14.540	18.380
第四阶	5.697	4.085	0.2760	0.2757	17.300	22.470

4.2.2　地震动的选取和输入

每类场地选用三条地表波和一条人工合成地震波进行计算分析，各条地震波和其周期如表 4.5 所示。可见，随着场地逐渐变软，周期随之变大。

表 4.5　地震波的周期

场地类型	地震波名称	周期/s	场地类型	地震波名称	周期/s
I 类场地	金门公园波	0.258	III 类场地	CPC_TOPANGA CANYON	0.588
	CPM_CAPE MENDOCINO	0.315		LWD_DEL AMO BLVD	0.833
	SUPERSTITION MOUNTAIN	0.465		EMC_FAIRVIEW AVE	0.442
	人工波 1	0.328		人工波 3	0.649
II 类场地	TH II 1	0.350	IV 类场地	TRI_TREASURE ISLAND	1.493
	兰州波	0.535		天津波	1.370
	唐山北京饭店波	0.641		Pasadena	1.282
	人工波 2	0.461		人工波 4	1.754

4.2.3　有限元结果

采用 Newmark-β 直接时间积分法进行 LNG 储罐地震响应分析，计算储罐在 I、II、III、IV 类场地下的地震响应，提取了基底剪力、基底弯矩和罐壁应力等地震响应，综合分析场地对储罐抗震性能的影响和各类地震响应在时间和空间上的分布特性。

1. 四类场地地震响应分析

通过计算表 4.5 中各条地震波对储罐的作用，得到各类场地的地震响应数值，见表 4.6～表 4.9。

表 4.6　Ⅰ类场地无桩土 LNG 储罐地震响应

地震响应	地震波名称			
	金门公园波	CPM_CAPE MENDOCINO	SUPERSTITION MOUNTAIN	人工波 1
基底剪力/（10⁸N）	1.67	1.40	2.10	2.38
基底弯矩/（10⁹N·m）	3.57	2.69	5.33	5.56
晃动波高/m	0.49	0.46	0.61	0.62
动液压力/kPa	21.23	14.42	27.23	28.14
内罐有效动应力/MPa	37.70	28.92	65.85	161.76
外罐有效动应力/MPa	0.57	0.31	0.58	0.49
内罐环向动应力/MPa	37.06	28.13	64.79	159.06
外罐环向动应力/MPa	0.81	0.44	0.81	0.70
内罐径向动应力/kPa	47.85	36.55	84.25	208.49
外罐径向动应力/kPa	170.60	112.08	129.83	163.43
内罐轴向动应力/MPa	5.85	4.48	7.98	20.36
外罐轴向动应力/MPa	0.30	0.17	0.33	0.26
内罐壁加速度/（m/s²）	9.16	8.79	8.93	12.88
外罐壁加速度/（m/s²）	7.44	8.13	9.25	7.31

表 4.7　Ⅱ类场地无桩土 LNG 储罐地震响应

地震响应	地震波名称			
	TH 1	唐山北京饭店波	兰州波	人工波 2
基底剪力/（10⁸N）	1.52	4.02	2.18	2.5
基底弯矩/（10⁹N·m）	3.59	9.51	5.19	5.74
晃动波高/m	0.54	0.64	0.67	0.88
动液压力/kPa	40.67	63.19	44.41	42.97
内罐有效动应力/MPa	96.30	202.64	104.94	125.15

续表

地震响应	地震波名称			
	TH 1	唐山北京饭店波	兰州波	人工波 2
外罐有效动应力/MPa	0.21	0.46	0.36	0.59
内罐环向动应力/MPa	94.68	198.90	103.03	123.14
外罐环向动应力/MPa	0.31	0.67	0.52	0.84
内罐径向动应力/kPa	118.00	261.91	135.26	160.88
外罐径向动应力/kPa	71.19	169.94	117.70	174.80
内罐轴向动应力/MPa	9.38	24.61	13.56	14.74
外罐轴向动应力/MPA	0.11	0.21	0.19	0.29
内罐壁加速度/（m/s²）	8.25	11.79	10.20	12.13
外罐壁加速度/（m/s²）	4.44	5.36	7.58	6.39

表 4.8　Ⅲ类场地无桩土 LNG 储罐地震响应

地震响应	地震波名称			
	CPC_TOPANGA CANYON	LWD_DEL AMO BLVD	EMC_FAIRVIEW AVE	人工波 3
基底剪力/（10⁸N）	3.80	2.58	2.09	3.17
基底弯矩/（10⁹N·m）	9.25	6.01	5.03	8.01
晃动波高/m	1.24	0.58	0.27	1.63
动液压力/kPa	78.43	51.15	33.45	96.35
内罐有效动应力/MPa	228.55	149.34	82.08	230.55
外罐有效动应力/MPa	0.51	0.72	0.62	0.38
内罐环向动应力/MPa	224.62	146.23	80.65	230.98
外罐环向动应力/MPa	0.73	1.01	0.87	0.55
内罐径向动应力/kPa	363.55	168.66	105.31	523.85
外罐径向动应力/kPa	167.42	207.09	147.73	122.02
内罐轴向动应力/MPa	30.33	17.39	10.40	21.33
外罐轴向动应力/MPa	0.25	0.39	0.32	0.20
内罐壁加速度/（m/s²）	13.72	10.34	10.78	11.76
外罐壁加速度/（m/s²）	6.24	8.58	7.72	7.17

表 4.9　Ⅳ类场地无桩土 LNG 储罐地震响应

地震响应	地震波名称			
	TRI_TREASURE ISLAND	天津波	Pasadena	人工波 4
基底剪力/（10⁸N）	5.11	3.59	4.73	4.00
基底弯矩/（10⁹N·m）	12.40	7.91	11.31	10.65
晃动波高/m	2.30	0.85	2.42	1.25
动液压力/kPa	104.12	53.99	99.45	101.97
内罐有效动应力/MPa	245.08	131.87	245.56	245.21
外罐有效动应力/MPa	0.52	0.47	0.47	0.51
内罐环向动应力/MPa	243.15	129.78	241.82	241.91
外罐环向动应力/MPa	0.75	0.68	0.69	0.73
内罐径向动应力/kPa	573.28	219.94	474.34	399.61
外罐径向动应力/kPa	181.85	171.42	171.13	171.97
内罐轴向动应力/MPa	35.92	16.47	33.54	34.69
外罐轴向动应力/MPa	0.54	0.22	0.22	0.24
内罐壁加速度/（m/s²）	13.99	8.58	13.44	17.66
外罐壁加速度/（m/s²）	4.97	5.68	4.44	4.31

对四类场地地震响应做均值分析，如表 4.10 所示。

表 4.10　四类场地地震响应均值

地震响应	场地类型			
	Ⅰ类场地	Ⅱ类场地	Ⅲ类场地	Ⅳ类场地
基底剪力/（10⁸N）	1.89	2.56	2.91	4.36
基底弯矩/（10⁹N·m）	4.29	6.01	6.97	10.57
晃动波高/m	0.51	0.68	0.87	1.71
动液压力/kPa	22.76	47.81	64.85	89.88
内罐有效动应力/MPa	73.72	132.26	172.63	216.93
外罐有效动应力/MPa	0.49	0.41	0.56	0.49
内罐环向动应力/MPa	72.26	129.94	170.62	214.17
外罐环向动应力/MPa	0.69	0.59	0.79	0.71
内罐径向动应力/kPa	94.29	169.01	290.34	416.79
外罐径向动应力/kPa	143.99	131.91	161.07	174.09
内罐轴向动应力/MPa	9.67	15.57	19.86	30.16
外罐轴向动应力/MPa	0.27	0.20	0.29	0.31
内罐壁加速度/（m/s²）	9.94	10.59	11.65	13.42
外罐壁加速度/（m/s²）	8.03	5.94	7.43	4.85

通过四类场地地震响应均值可以看出，地表波作用下刚性地基储罐的基底剪力、基底弯矩、晃动波高和内罐壁应力响应随着场地类别的变化呈逐渐变大的趋势，Ⅰ类场地的地震响应最小，Ⅳ类场地的地震响应最大。

由储液的晃动频率和振型分析可以得出：晃动固有频率非常密集，且频率很小，在长周期地震动激励下很容易被激发而导致晃动剧烈，因此随着场地周期的增大，晃动波高由 0.51m 增大到 1.71m。由外罐频率振型分析可以得出：外罐第一阶最小频率也达到了 6~7Hz，在整体储罐中属于高频振动，因此容易在短周期地震动作用下引起较大反应。上述数据显示外罐的地震响应与内罐变化趋势不一致，与场地类型关系不十分清晰，在Ⅲ、Ⅳ类场地下反应较大，Ⅱ类场地下最小，但在四类场地下外罐的应力都没有达到混凝土的屈服强度，故外罐相对安全。因此在 LNG 储罐的抗震设计中应主要注意波高的控制和内罐的损坏。综合分析后考虑储罐在地震动作用下能够保证整体稳定，在 LNG 储罐选址时要避开不利场地，选择有利场地以保证储罐的抗震性能。

2. 各类地震响应分析

由各类场地的基底剪力统计可以发现：Ⅰ类场地的基底剪力均值最小，Ⅳ类场地基底剪力均值最大。由此可以看出，场地类型对基底剪力的影响较为明显，场地越软，基底剪力越大。基底剪力峰值产生的时间普遍与地震波峰值时间相近或延后，仅个别基底剪力峰值时间提前于地震波峰值。基底剪力峰值及分布见表 4.11，基底剪力时程曲线如图 4.17 所示。

表 4.11　基底剪力峰值及分布

场地类型	地震波名称	基底剪力峰值/（10^8N）	地震波峰值产生时间 t_1/s	基底剪力峰值产生时间 t_2/s	时间差 t_2-t_1/s
Ⅰ类场地	金门公园波	1.67	1.36	1.48	0.12
	CPM_CAPE MENDOCINO_90	1.40	3.00	2.98	-0.02
	SUPERSTITION MOUNTAIN_45	2.10	8.22	8.24	0.02
	人工波 1	2.38	1.44	2.70	1.26
Ⅱ类场地	TH Ⅱ 1	1.52	5.12	4.7	-0.42
	唐山北京饭店波	4.02	9.68	13.13	3.45
	兰州波	2.18	4.84	8.52	3.68
	人工波 2	2.5	4.62	8.26	3.64
Ⅲ类场地	CPC_TOPANGA CANYON_16_nor	3.80	8.68	8.74	0.06
	LWD_DEL AMO BLVD_00_nor	2.58	12.50	10.08	-2.42
	EMC_FAIRVIEW AVE_90_w	2.09	3.66	4.22	0.56
	人工波 3	3.17	7.84	8.82	0.98

场地类型	地震波名称	基底剪力峰值/（10^8N）	地震波峰值产生时间 t_1/s	基底剪力峰值产生时间 t_2/s	时间差 t_2-t_1/s
Ⅳ类场地	TRI_TREASURE ISLAND_90	5.11	13.62	13.66	0.04
	天津波	3.59	7.59	7.60	0.01
	Pasadena	4.73	17.36	17.42	0.06
	人工波 4	4.00	10.48	6.80	−3.68

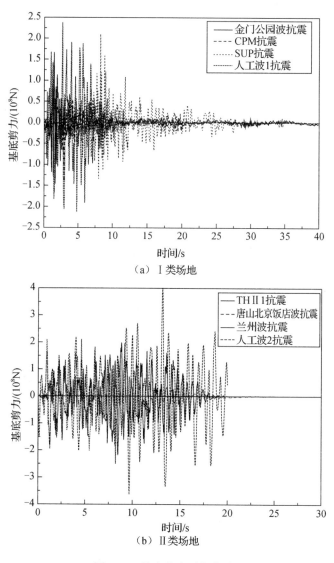

图 4.17　基底剪力时程曲线

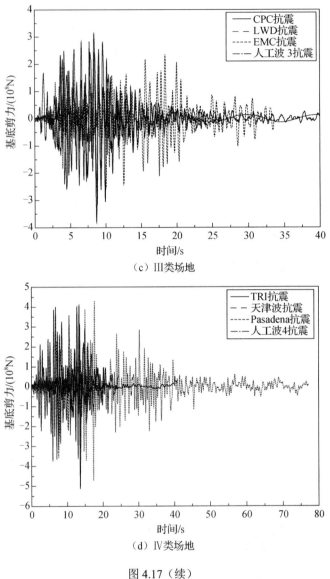

（c）III类场地

（d）IV类场地

图 4.17（续）

　　基底弯矩反应趋势与基底剪力大致相同，储罐的基底弯矩峰值时间也与地震波峰值时间相近或稍延后，说明在地震波峰值处或峰值处稍延后区域可激发储罐的最大基底弯矩。除此之外，较硬场地条件下储罐的基底弯矩较小，说明软土场地更容易导致储罐倾覆。基底弯矩峰值及分布见表 4.12，基底弯矩时程曲线如图 4.18所示。

表 4.12　基底弯矩峰值及分布

场地类型	地震波名称	基底弯矩峰值/(10^9N·m)	地震波峰值产生时间 t_1/s	基底弯矩峰值产生时间 t_2/s	时间差 t_2-t_1/s
I 类场地	金门公园波	3.57	1.36	1.48	0.12
	CPM_CAPE MENDOCINO_90	2.69	3.00	2.98	−0.02
	SUPERSTITION MOUNTAIN_45	5.33	8.22	8.26	0.04
	人工波 1	5.56	1.44	2.70	1.26
II 类场地	TH II 1	3.59	5.12	4.7	−0.42
	唐山北京饭店波	9.51	9.68	13.14	3.46
	兰州波	5.19	4.84	8.52	3.68
	人工波 2	5.74	4.62	8.28	3.66
III 类场地	CPC_TOPANGA CANYON_16_nor	9.25	8.68	8.74	0.06
	LWD_DEL AMO BLVD_00_nor	5.88	12.50	18.44	5.94
	EMC_FAIRVIEW AVE_90_w	5.03	3.66	4.22	0.56
	人工波 3	7.71	7.84	8.84	1.00
IV 类场地	TRI_TREASURE ISLAND_90	12.40	13.62	13.66	0.04
	天津波	7.91	7.59	7.60	0.01
	Pasadena	11.31	17.36	17.42	0.06
	人工波 4	10.65	10.48	6.80	−3.68

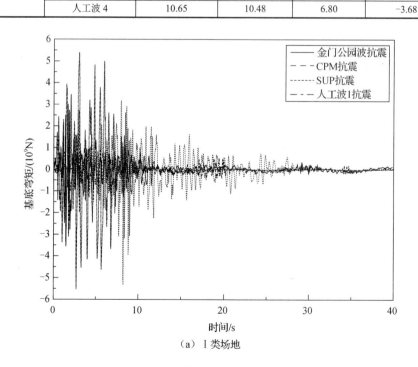

（a）I 类场地

图 4.18　基底弯矩时程曲线

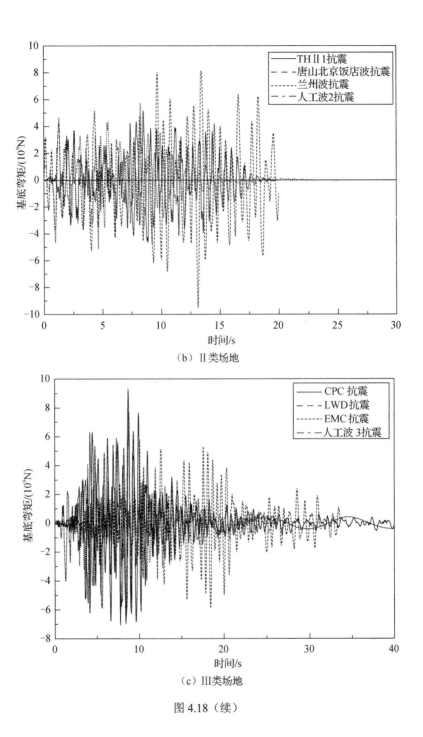

（b）Ⅱ类场地

（c）Ⅲ类场地

图 4.18（续）

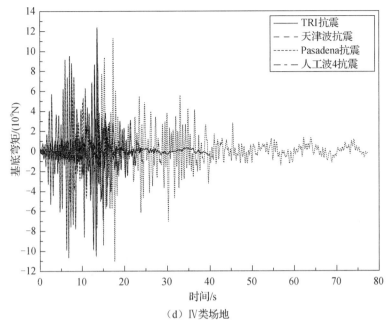

（d）Ⅳ类场地

图 4.18（续）

储液晃动波高峰值及分布见表 4.13，晃动波高时程曲线如图 4.19 所示。

表 4.13　晃动波高峰值及分布

场地类型	地震波名称	晃动波高峰值/m	地震波峰值产生时间 t_1/s	晃动波高峰值产生时间 t_2/s	时间差 t_2-t_1/s
Ⅰ类场地	金门公园波	0.49	1.36	39.24	37.88
	CPM_CAPE MENDOCINO_90	0.46	3.00	19.72	16.72
	SUPERSTITION MOUNTAIN_45	0.61	8.22	27.94	19.72
	人工波 1	0.62	1.44	20.14	18.70
Ⅱ类场地	TH Ⅱ 1	0.54	5.12	18.00	12.88
	唐山北京饭店波	0.64	9.68	11.87	2.19
	兰州波	0.67	4.84	19.14	14.30
	人工波 2	0.88	4.62	22.34	17.72
Ⅲ类场地	CPC_TOPANGA CANYON_16_nor	1.24	8.68	23.78	15.10
	LWD_DEL AMO BLVD_00_nor	0.58	12.50	28.08	15.58
	EMC_FAIRVIEW AVE_90_w	0.27	3.66	7.78	4.12
	人工波 3	1.63	7.84	34.56	26.72

续表

场地类型	地震波名称	晃动波高峰值/m	地震波峰值产生时间 t_1/s	晃动波高峰值产生时间 t_2/s	时间差 t_2-t_1/s
IV类场地	TRI_TREASURE ISLAND_90	2.30	13.62	31.66	18.04
	天津波	0.85	7.59	7.58	-0.01
	Pasadena	2.42	17.36	58.58	41.22
	人工波 4	1.25	10.48	22.34	11.86

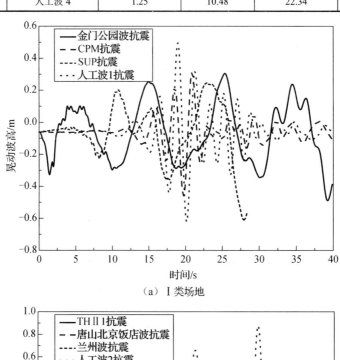

（a）I 类场地

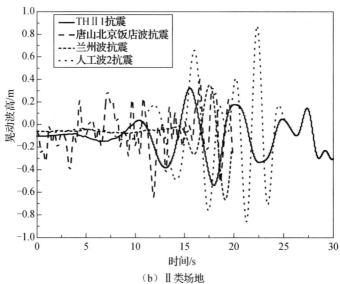

（b）II 类场地

图 4.19　晃动波高时程曲线

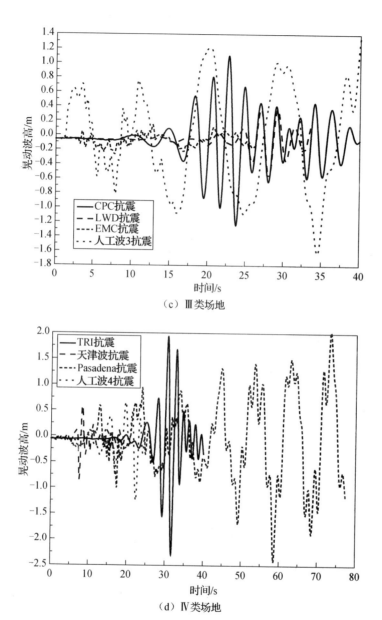

（c）Ⅲ类场地

（d）Ⅳ类场地

图 4.19（续）

　　LNG 储罐内罐上部与罐壁焊接吊顶，如果储液晃动过大，吊顶会受到储液的冲击，也会导致 LNG 液体外溢到外罐和内罐腔体之间。储液晃动剧烈导致过大的压力可能导致吊顶和储罐结构的破坏，所以分析储液的晃动波高具有一定意义。从上述统计可以得出：场地类别对晃动波高的影响较为明显，场地越软，晃动波高越大。对于 16×10⁴m³ LNG 储罐来说，储罐直径 80m、储液高 34.26m，根据本章动力特性分析也可得出储液长周期性质，因此更容易在长周期地震动作用下激发液面的晃动。例如，在Ⅳ类场地条件下，储液的晃动波高可达 2m，若是遭遇近断层长周期地震则会引发更为剧烈的晃动效应，因此研究 $16×10^4m^3$ LNG 储罐的液体晃动控制具有十分重要的意义。

场地类型对动液压力的影响较为明显，从统计的数据可以看出场地越软，动液压力越大，并且动液压力的峰值通常发生在储液中部偏下的位置，之后随着高度的增大再逐渐减小。在储罐震害调查中发现，储罐的中部偏下位置易产生象足屈曲，这就是动液压力在该部位过大导致的。由此可见，在储罐的抗震设计中应注意防止象足屈曲的产生。动液压力峰值及分布见表 4.14，动液压力时程曲线如图 4.20 所示。

表 4.14　动液压力峰值及分布

场地类型	地震波名称	动液压力峰值/kPa	动液压力峰值位置/m
Ⅰ类场地	金门公园波	21.23	13.29
	CPM_CAPE MENDOCINO_90	14.42	15.06
	SUPERSTITION MOUNTAIN_45	27.23	3.54
	人工波 1	28.14	17.71
Ⅱ类场地	THⅡ 1	40.67	17.71
	唐山北京饭店波	63.19	7.09
	兰州波	44.41	15.06
	人工波 2	42.97	17.71
Ⅲ类场地	CPC_TOPANGA CANYON_16_nor	78.43	11.51
	LWD_DEL AMO BLVD_00_nor	51.15	14.17
	EMC_FAIRVIEW AVE_90_w	33.45	12.40
	人工波 3	96.35	16.83
Ⅳ类场地	TRI_TREASURE ISLAND_90	104.12	8.86
	天津波	53.99	3.54
	Pasadena	99.45	10.63
	人工波 4	101.97	12.40

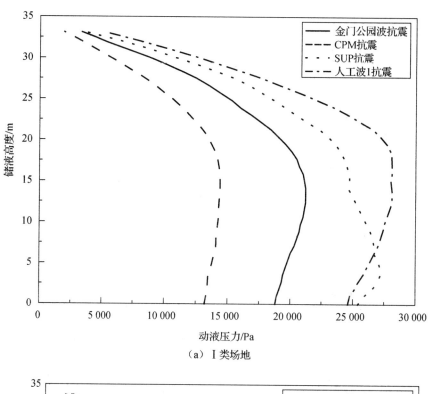

（a）Ⅰ类场地

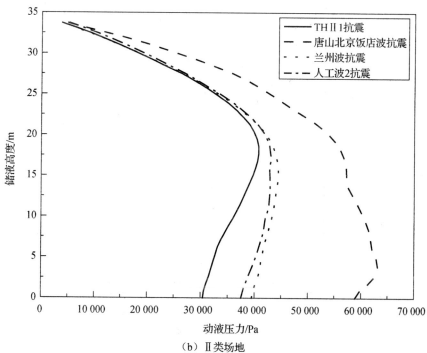

（b）Ⅱ类场地

图 4.20　动液压力时程曲线

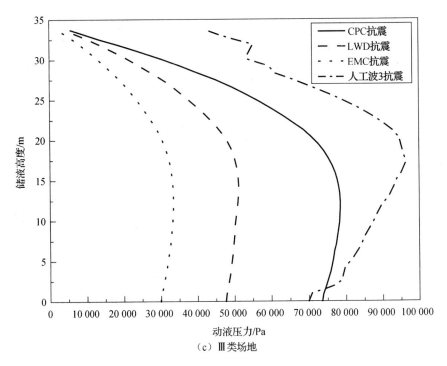

（c）III 类场地

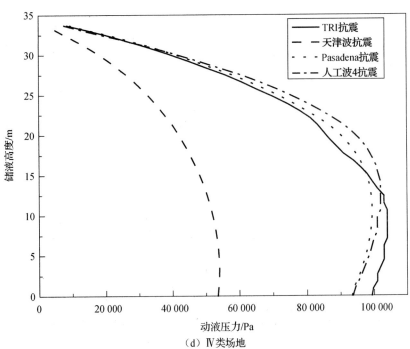

（d）IV 类场地

图 4.20（续）

在对储罐壁进行应力分析时，分别计算了储罐的有效应力和有效动应力。通过分析不同场地有效应力和有效动应力数值可知：内罐在 18.6m 高度处有效应力最大，且软土场地下有效应力和有效动应力值比坚硬场地条件下的大。在Ⅳ类场地下，TRI_TREASURE ISLAND_90、Pasadena 和人工波 4 的有效应力都达到了490MPa，而 LNG 储罐内罐所选用的钢材屈服强度为 490MPa，这说明储罐在Ⅳ类场地下内罐壁会发生屈曲破坏，破坏位置位于 18.6m 高度处。通过对外罐壁有效应力及有效动应力均值进行分析可知：Ⅲ类场地数值最大，Ⅱ类场地数值最小，但都远没有达到混凝土的屈服强度。由图 4.22 可以看出，外罐 38.55m 处有效应力值最大，原因是穹顶与外罐壁连接处较为薄弱。内、外罐壁有效应力峰值及分布见表 4.15 和表 4.16，内罐壁部分有效应力及有效动应力时程曲线如图 4.21 所示，外罐壁有效应力时程曲线如图 4.22 所示。

表 4.15　内罐壁有效应力峰值及分布

场地类型	地震波名称	有效应力峰值/MPa	有效动应力峰值/MPa	有效动应力峰值位置/m
Ⅰ类场地	金门公园波	284.38	37.70	15.06
	CPM_CAPE MENDOCINO_90	275.60	28.92	15.06
	SUPERSTITION MOUNTAIN_45	312.53	65.85	18.60
	人工波 1	408.44	161.76	18.60
Ⅱ类场地	THⅡ 1	343.11	96.30	18.6
	唐山北京饭店波	449.32	202.64	18.60
	兰州波	351.62	104.94	18.60
	人工波 2	371.83	125.15	18.60
Ⅲ类场地	CPC_TOPANGA CANYON_16_nor	475.23	228.55	18.60
	LWD_DEL AMO BLVD_00_nor	395.39	149.34	18.60
	EMC_FAIRVIEW AVE_90_w	328.76	82.08	18.60
	人工波 3	477.23	230.55	18.60
Ⅳ类场地	TRI_TREASURE ISLAND_90	491.76	245.08	18.60
	天津波	378.55	131.87	18.60
	Pasadena	492.24	245.56	19.49
	人工波 4	491.89	245.21	18.60

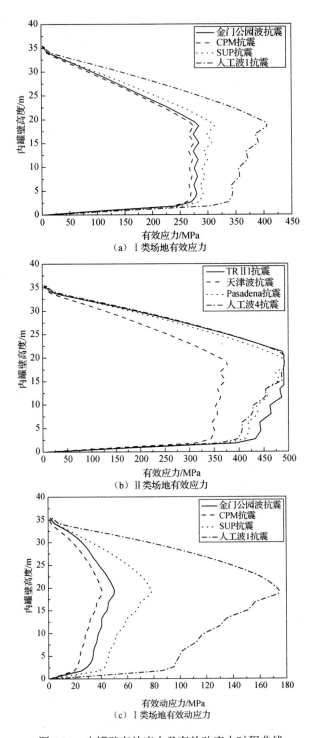

(a) Ⅰ类场地有效应力

(b) Ⅱ类场地有效应力

(c) Ⅰ类场地有效动应力

图 4.21　内罐壁有效应力及有效动应力时程曲线

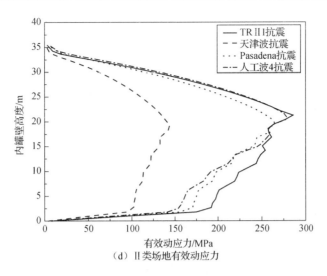

（d）Ⅱ类场地有效动应力

图 4.21（续）

表 4.16　外罐壁有效应力峰值及分布

场地类型	地震波名称	有效应力峰值/MPa	有效动应力峰值/MPa	有效动应力峰值位置/m
Ⅰ类场地	金门公园波	2.24	0.57	38.55
	CPM_CAPE MENDOCINO_90	1.98	0.31	38.55
	SUPERSTITION MOUNTAIN_45	2.25	0.58	38.55
	人工波 1	2.16	0.49	38.55
Ⅱ类场地	TH Ⅱ 1	1.88	0.21	38.55
	唐山北京饭店波	2.13	0.46	38.55
	兰州波	2.03	0.36	38.55
	人工波 2	2.26	0.59	38.55
Ⅲ类场地	CPC_TOPANGA CANYON_16_nor	2.18	0.51	38.55
	LWD_DEL AMO BLVD_00_nor	2.39	0.72	38.55
	EMC_FAIRVIEW AVE_90_w	2.29	0.62	38.55
	人工波 3	2.05	0.38	38.55
Ⅳ类场地	TRI_TREASURE ISLAND_90	2.19	0.52	38.55
	天津波	2.14	0.47	38.55
	Pasadena	2.14	0.47	38.55
	人工波 4	2.18	0.51	38.55

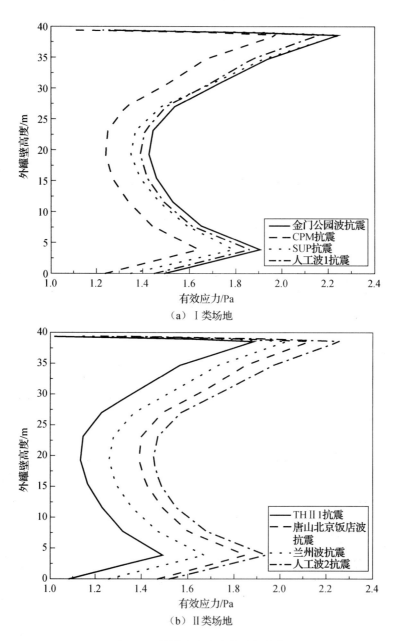

（a）Ⅰ类场地

（b）Ⅱ类场地

图 4.22　外罐壁有效应力时程曲线

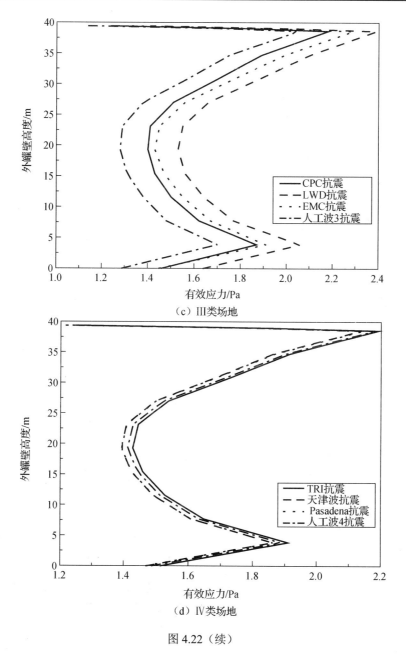

（c）Ⅲ类场地

（d）Ⅳ类场地

图 4.22（续）

　　内、外罐壁环向应力峰值及分布见表 4.17 和表 4.18。LNG 储罐内罐壁环向应力沿罐壁的分布形式为最底部环向应力为 0，然后迅速增加，从距罐底 2.66m 处开始增大—减小反复变化，在距罐底 18.6m 处时为最大，数值在 274～488MPa 之间变化，直至罐壁顶端减小到 0（图 4.23）。罐壁底部和中上部环向应力较大，因此该部位属于薄弱部位，但从计算数值看环向应力峰值没有达到材料的屈服强度

490MPa，不会发生屈曲破坏。外罐壁环向应力在罐壁底部与承台板连接处较大，在罐壁高度 20m 左右的地方，环向压应力变为拉应力，之后快速增大，在罐壁顶端增加到最大值（图 4.24）。

表 4.17 内罐壁环向应力峰值及分布

场地类型	地震波名称	环向应力峰值/MPa	环向动力峰值/MPa	环向动力峰值位置/m
I 类场地	金门公园波	283.11	37.06	18.60
	CPM_CAPE MENDOCINO_90	274.18	28.13	15.06
	SUPERSTITION MOUNTAIN_45	310.84	64.79	18.60
	人工波 1	405.11	159.06	18.60
II 类场地	TH II 1	340.73	94.68	18.60
	唐山北京饭店波	444.95	198.90	18.60
	兰州波	349.08	103.03	18.60
	人工波 2	360.19	123.14	18.60
III 类场地	CPC_TOPANGA CANYON_16_nor	470.67	224.62	18.60
	LWD_DEL AMO BLVD_00_nor	392.28	146.23	18.60
	EMC_FAIRVIEW AVE_90_w	326.70	80.65	18.60
	人工波 3	477.03	230.98	18.60
IV 类场地	TRI_TREASURE ISLAND_90	489.20	243.15	18.60
	天津波	375.83	129.78	18.60
	Pasadena	487.87	241.82	19.49
	人工波 4	487.96	241.91	18.60

表 4.18 外罐壁环向应力峰值及分布

场地类型	地震波名称	环向应力峰值/MPa	环向动力峰值/MPa	环向动力峰值位置/m
I 类场地	金门公园波	2.63	0.81	39.35
	CPM_CAPE MENDOCINO_90	2.26	0.44	39.35
	SUPERSTITION MOUNTAIN_45	2.63	0.81	39.35
	人工波 1	2.52	0.70	39.35

续表

场地类型	地震波名称	环向应力峰值/MPa	环向动应力峰值/MPa	环向动应力峰值位置/m
II类场地	THII 1	2.14	0.32	39.35
	唐山北京饭店波	2.49	0.67	39.35
	兰州波	2.35	0.53	39.35
	人工波 2	2.66	0.84	39.35
III类场地	CPC_TOPANGA CANYON_16_nor	2.55	0.73	39.35
	LWD_DEL AMO BLVD_00_nor	2.83	1.01	39.35
	EMC_FAIRVIEW AVE_90_w	2.69	0.87	39.35
	人工波 3	2.37	0.55	39.35
IV类场地	TRI_TREASURE ISLAND_90	2.57	0.75	39.35
	天津波	2.50	0.68	39.35
	Pasadena	2.51	0.69	39.35
	人工波 4	2.55	0.73	39.35

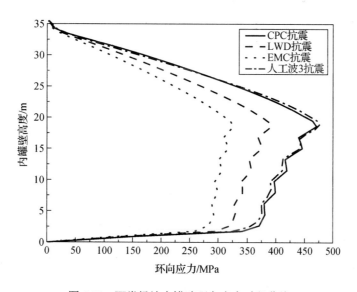

图 4.23 III类场地内罐壁环向应力时程曲线

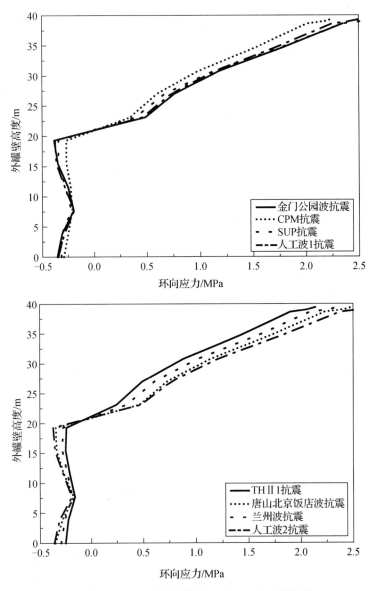

图 4.24　Ⅰ、Ⅱ类场地外罐壁环向应力时程曲线

　　分析内、外罐壁径向应力峰值及分布（表 4.19 和表 4.20）和内、外罐壁径向应力时程曲线（图 4.25 和图 4.26）可以得出：Ⅰ、Ⅱ类场地内罐壁径向应力峰值点出现在距罐底 18.6m 高度处，随着场地变软，峰值点出现在距罐底 0.89m 高度处，而混凝土外罐的最大径向应力位于罐底处。

表 4.19　内罐壁径向应力峰值及分布

场地类型	地震波名称	径向应力峰值/kPa	径向动应力峰值/kPa	径向动应力峰值位置/m
Ⅰ类场地	金门公园波	367.83	47.85	15.06
	CPM_CAPE MENDOCINO_90	356.53	36.55	15.06
	SUPERSTITION MOUNTAIN_45	404.23	84.25	18.60
	人工波 1	528.47	208.49	18.60
Ⅱ类场地	TH Ⅱ 1	437.90	118.00	18.60
	唐山北京饭店波	581.89	261.91	18.60
	兰州波	455.24	135.26	18.60
	人工波 2	480.86	160.88	18.60
Ⅲ类场地	CPC_TOPANGA CANYON_16_nor	683.53	363.55	0.89
	LWD_DEL AMO BLVD_00_nor	488.64	168.66	18.60
	EMC_FAIRVIEW AVE_90_w	425.29	105.31	18.60
	人工波 3	843.83	523.85	0.89
Ⅳ类场地	TRI_TREASURE ISLAND_90	893.26	573.28	0.89
	天津波	539.92	219.94	0.89
	Pasadena	794.32	474.34	0.89
	人工波 4	719.59	399.61	0.89

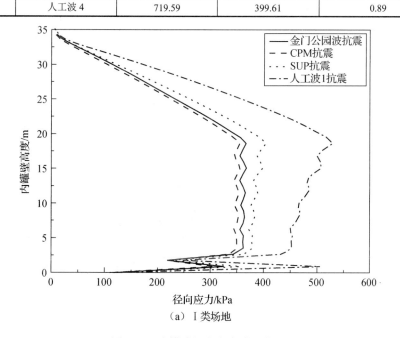

（a）Ⅰ类场地

图 4.25　内罐壁径向应力时程曲线

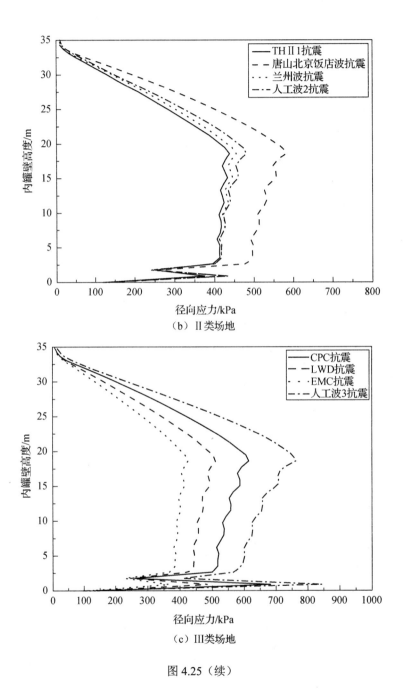

（b）Ⅱ类场地

（c）Ⅲ类场地

图 4.25（续）

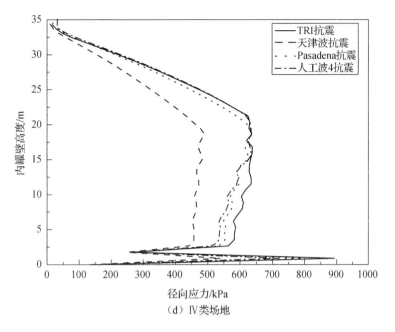

（d）IV类场地

图 4.25（续）

表 4.20　外罐壁径向应力峰值及分布

场地类型	地震波名称	径向应力峰值/kPa	径向动应力峰值/kPa	径向动应力峰值位置/m
I 类场地	金门公园波	301.84	170.6	0
	CPM_CAPE MENDOCINO_90	243.32	112.08	0
	SUPERSTITION MOUNTAIN_45	261.07	129.83	0
	人工波 1	294.67	163.43	0
II 类场地	TH II 1	202.43	71.19	0
	唐山北京饭店波	301.18	169.94	0
	兰州波	242.94	111.7	0
	人工波 2	306.04	174.8	0
III 类场地	CPC_TOPANGA CANYON_16_nor	298.66	167.42	0
	LWD_DEL AMO BLVD_00_nor	338.33	207.09	0
	EMC_FAIRVIEW AVE_90_w	278.97	147.73	0
	人工波 3	253.26	122.02	0

续表

场地类型	地震波名称	径向应力峰值/kPa	径向动应力峰值/kPa	径向动应力峰值位置/m
Ⅳ类场地	TRI_TREASURE ISLAND_90	313.09	181.85	0
	天津波	302.66	171.42	0
	Pasadena	302.37	171.13	0
	人工波 4	303.21	171.97	0

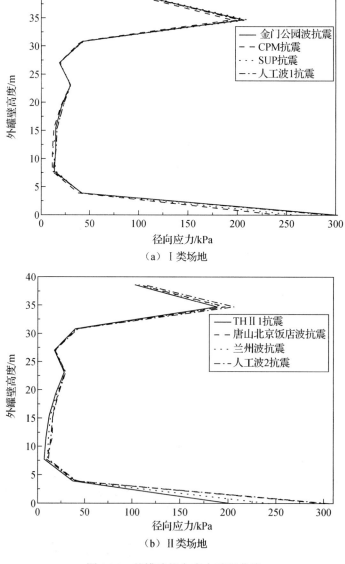

（a） Ⅰ类场地

（b） Ⅱ类场地

图 4.26　外罐壁径向应力时程曲线

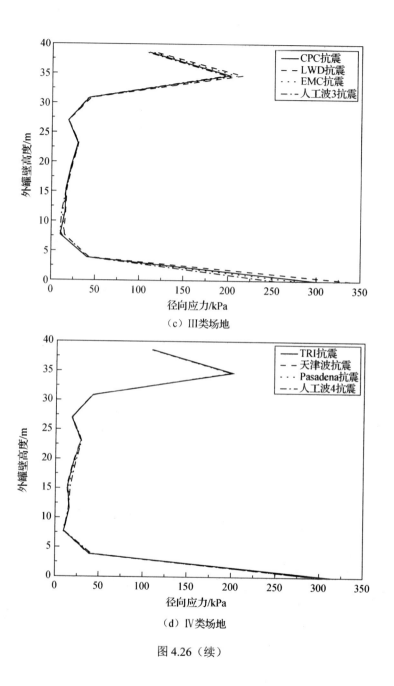

（c）Ⅲ类场地

（d）Ⅳ类场地

图 4.26（续）

　　根据内罐壁轴向应力峰值及分布（表 4.21）及内罐壁轴向应力时程曲线（图 4.27）可看出：LNG 储罐内罐壁轴向应力分布形式呈现出明显的下部大、上部小的特点，在距罐壁底部的 1.77m 或 0.89m 的位置出现轴向应力的峰值，在罐壁底部与底板连接处的轴向应力较大，此处罐壁容易轴压失稳而出现象足屈曲。沿罐壁高度的增大，轴向应力逐渐减小，在罐壁顶部减小到几乎为 0。另外，场地条件对轴向应力的影响比较明显，仍然是软土场地轴向应力较大。对于混凝土外罐，在四类场地波激励下的 LNG 储罐外罐壁轴向应力分布形式和数值基本相同（表 4.22），外罐壁底部轴向应力较大，随着罐的高度增大应力值逐渐减小，到罐壁中上部又变大，在罐壁上部轴向应力由负变正，即压应力变成拉应力，拉应力快速增大，在顶端又突然减小（图 4.28）。在罐壁底部与承台板连接处的轴向应力较大，罐壁上部与穹顶连接处轴向应力变号，产生较大的拉应力。这是因为罐壁上部受穹顶作用的影响，导致轴向应力变化较大，罐壁与穹顶的连接处是危险地带，在设计和施工时应注意其安全性。

表 4.21　内罐壁轴向应力峰值及分布

场地类型	地震波名称	轴向应力峰值/MPa	轴向动应力峰值/MPa	轴向动应力峰值位置/m
I 类场地	金门公园波	12.21	5.85	1.77
	CPM_CAPE MENDOCINO_90	10.84	4.48	1.77
	SUPERSTITION MOUNTAIN_45	14.34	7.98	1.77
	人工波 1	26.72	20.36	0.89
II 类场地	TH II 1	30.06	23.70	1.77
	唐山北京饭店波	30.97	24.61	0.89
	兰州波	19.92	13.56	1.77
	人工波 2	21.10	14.74	0.89
III 类场地	CPC_TOPANGA CANYON_16_nor	36.69	30.33	0.89
	LWD_DEL AMO BLVD_00_nor	23.75	17.39	0.89
	EMC_FAIRVIEW AVE_90_w	16.76	10.40	0.89
	人工波 3	27.69	21.33	0.89
IV 类场地	TRI_TREASURE ISLAND_90	42.28	35.92	0.89
	天津波	22.83	16.47	0.89
	Pasadena	39.90	33.54	0.89
	人工波 4	41.05	34.69	0.89

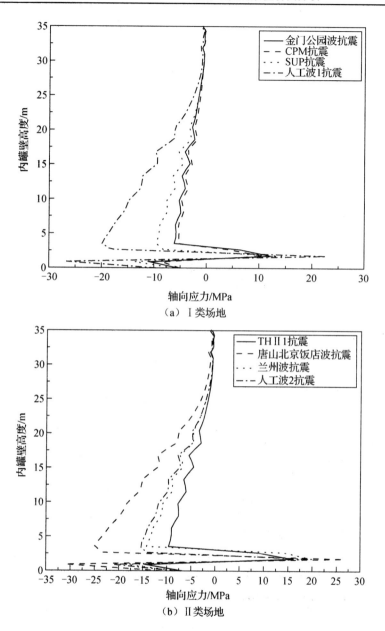

（a）Ⅰ类场地

（b）Ⅱ类场地

图 4.27　内罐壁轴向应力时程曲线

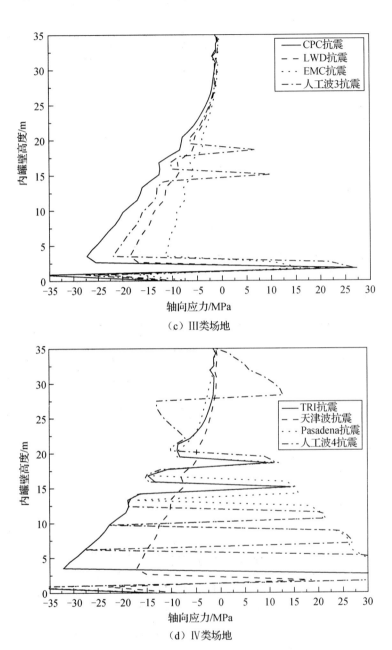

（c）III类场地

（d）IV类场地

图 4.27（续）

表 4.22　外罐壁轴向应力峰值及分布

场地类型	地震波名称	轴向应力峰值/MPa	轴向动应力峰值/MPa	轴向动应力峰值位置/m
I 类场地	金门公园波	2.21	0.30	38.95
	CPM_CAPE MENDOCINO_90	2.08	0.17	38.95
	SUPERSTITION MOUNTAIN_45	2.24	0.33	38.95
	人工波 1	2.17	0.26	38.95
II 类场地	TH II 1	2.02	0.11	38.95
	唐山北京饭店波	2.12	0.21	38.95
	兰州波	2.10	0.19	38.95
	人工波 2	2.20	0.29	38.95
III 类场地	CPC_TOPANGA CANYON_16_nor	2.16	0.25	38.95
	LWD_DEL AMO BLVD_00_nor	2.30	0.39	38.95
	EMC_FAIRVIEW AVE_90_w	2.23	0.32	38.95
	人工波 3	2.11	0.20	38.95
IV 类场地	TRI_TREASURE ISLAND_90	2.45	0.54	38.95
	天津波	2.13	0.22	38.95
	Pasadena	2.13	0.22	38.95
	人工波 4	2.15	0.24	38.95

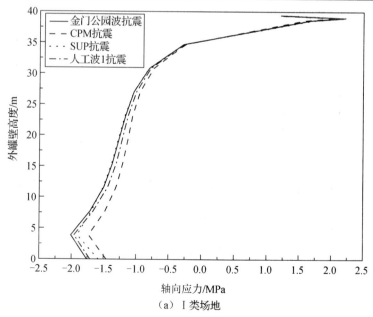

（a）I 类场地

图 4.28　外罐壁轴向应力时程曲线

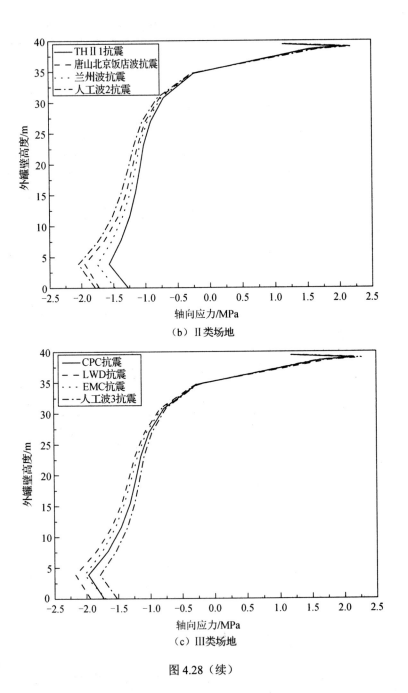

（b）II 类场地

（c）III 类场地

图 4.28（续）

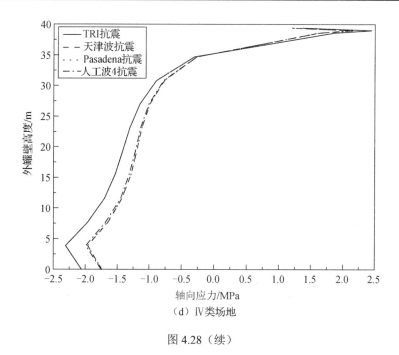

（d）Ⅳ类场地

图 4.28（续）

内、外罐壁加速度峰值及分布见表 4.23 和表 4.24，内、外罐壁加速度时程曲线如图 4.29 和图 4.30 所示。

表 4.23　内罐壁加速度峰值及分布

场地类型	地震波名称	内罐壁加速度峰值/（m/s²）	内罐壁加速度峰值位置/m
Ⅰ类场地	金门公园波	9.16	18.60
	CPM_CAPE MENDOCINO_90	8.79	3.54
	SUPERSTITION MOUNTAIN_45	8.93	28.34
	人工波 1	12.88	21.26
Ⅱ类场地	THⅡ1	8.25	21.26
	唐山北京饭店波	11.79	19.49
	兰州波	10.20	19.49
	人工波 2	12.13	19.49
Ⅲ类场地	CPC_TOPANGA CANYON_16_nor	13.72	19.49
	LWD_DEL AMO BLVD_00_nor	10.34	18.60
	EMC_FAIRVIEW AVE_90_w	10.78	19.49
	人工波 3	11.76	19.49
Ⅳ类场地	TRI_TREASURE ISLAND_90	13.99	18.60
	天津波	8.58	19.49
	Pasadena	13.44	19.49
	人工波 4	17.66	19.49

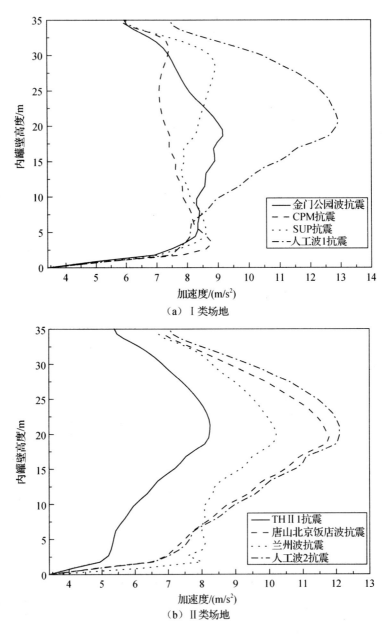

（a）Ⅰ类场地

（b）Ⅱ类场地

图 4.29　内罐壁加速度时程曲线

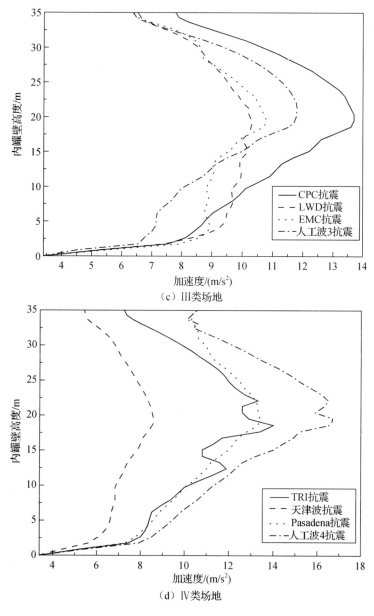

（c）III类场地

（d）IV类场地

图 4.29（续）

表 4.24　外罐壁加速度峰值及分布

场地类型	地震波名称	外罐壁加速度峰值/（m/s²）	外罐壁加速度峰值位置/m
I 类场地	金门公园波	7.44	39.35
	CPM_CAPE MENDOCINO_90	8.13	39.35

场地类型	地震波名称	外罐壁加速度峰值/（m/s²）	外罐壁加速度峰值位置/m
Ⅰ类场地	SUPERSTITION MOUNTAIN_45	9.25	39.35
	人工波 1	7.31	39.35
Ⅱ类场地	TH Ⅱ 1	4.44	39.35
	唐山北京饭店波	5.36	39.35
	兰州波	7.58	39.35
	人工波 2	6.39	39.35
Ⅲ类场地	CPC_TOPANGA CANYON_16_nor	6.24	39.35
	LWD_DEL AMO BLVD_00_nor	8.58	39.35
	EMC_FAIRVIEW AVE_90_w	7.72	39.35
	人工波 3	7.17	39.35
Ⅳ类场地	TRI_TREASURE ISLAND_90	4.97	39.35
	天津波	5.68	39.35
	Pasadena	4.44	39.35
	人工波 4	4.31	39.35

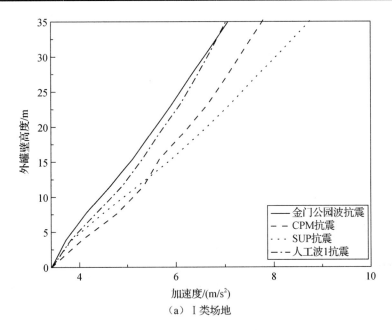

（a）Ⅰ类场地

图 4.30　外罐壁加速度时程曲线

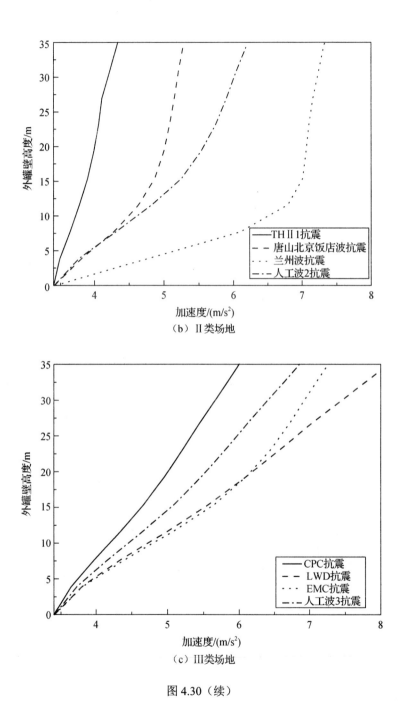

（b）Ⅱ类场地

（c）Ⅲ类场地

图 4.30（续）

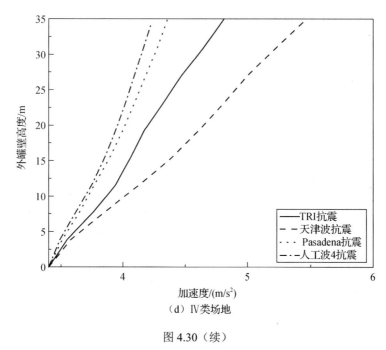

（d）Ⅳ类场地

图 4.30（续）

从上述结果可知,天然波和人工波激励下 LNG 储罐内罐壁加速度沿罐壁高度变化形式一致,罐壁下部加速度变化缓慢,到罐壁中上部达到最大,再到罐壁顶部这一段距离,加速度又快速减小。原因在于罐壁中部正是罐内液体发生液固耦合振动的部位,由此产生较大的弹性冲击,增大了罐壁的加速度,而罐壁上部的液体发生对流晃动,对罐壁加速度的影响较小。对于外罐而言,罐壁 x 向相对加速度绝对值沿罐壁高度分布形式基本一致,罐壁底端相对加速度为 0,随罐壁高度逐渐增大,在罐壁顶端达到最大值。这是因为外罐壁上端与穹顶锚固,穹顶在 x 方向是自由的,因此罐壁上部受穹顶振动的影响,在 x 方向产生较大的加速度。

4.2.4 理论与有限元对比

对上述有限元结果与第二章简化力学模型计算出的地震响应理论值进行统计分析,比较四类场地下储罐基底剪力和基底弯矩的差异（表 4.25～表 4.28）,使有限元与简化力学模型相互验证。部分地震响应时程曲线见图 4.31～图 4.34。

表 4.25　Ⅰ类场地地震响应对比

地震波名称	基底剪力/（10^8N）		基底弯矩/（10^9N·m）	
	有限元	简化力学模型	有限元	简化力学模型
金门公园波	1.67	1.76	3.57	5.97
SUPERSTITION MOUNTAIN_45	2.10	2.73	5.33	8.95

续表

地震波名称	基底剪力/(10^8N)		基底弯矩/(10^9N·m)	
	有限元	简化力学模型	有限元	简化力学模型
CPM_CAPE MENDOCINO_90	1.40	1.56	2.69	3.81
人工波1	2.38	2.35	5.56	6.95
均值	1.89	2.10	4.29	6.42

从表4.25中可以看出有限元的基底剪力与简化力学模型的基底剪力的均值差为0.21，差异率为10.00%。有限元的基底弯矩与简化力学模型的基底弯矩的均值差为2.13，差异率为33.18%。

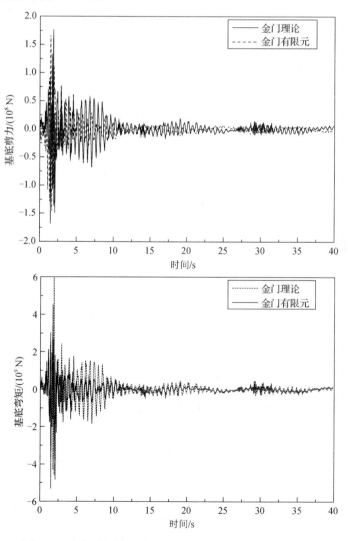

图4.31　金门公园波理论与有限元对比地震响应时程曲线

表 4.26　Ⅱ 类场地地震响应对比

地震波名称	基底剪力/（10^8N）		基底弯矩/（10^9N·m）	
	有限元	简化力学模型	有限元	简化力学模型
TH Ⅱ 1	1.52	1.74	3.59	4.83
兰州波 1	2.10	3.15	5.21	8.77
唐山北京饭店波	4.02	4.58	9.51	12.20
人工波 2	2.50	2.78	5.75	7.56
均值	3.29	3.83	7.89	10.48

　　从表 4.26 中可以看出有限元的基底剪力与简化力学模型的基底剪力的均值差为 0.54，差异率为 14.10%。有限元的基底弯矩与简化力学模型的基底弯矩的均值差为 2.59，差异率为 24.71%。

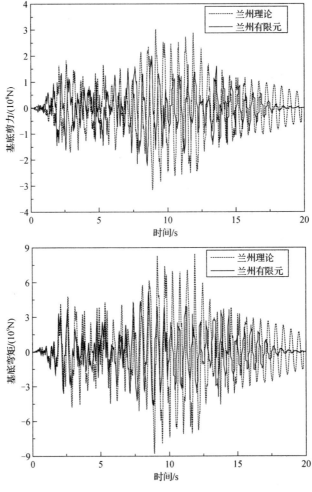

图 4.32　兰州波理论与有限元对比地震响应时程曲线

表 4.27　Ⅲ类场地地震响应对比

地震波名称	基底剪力/（10⁸N）		基底弯矩/（10⁹N·m）	
	有限元	简化力学模型	有限元	简化力学模型
CPC_TOPANGA CANYON_16_nor	3.80	3.85	9.25	10.50
EMC_FAIRVIEW AVE_90_w	2.09	2.29	5.03	7.26
LWD_DEL AMO BLVD_00_nor	2.58	3.46	6.01	9.39
人工波 3	3.21	4.14	8.01	11.49
均值	2.92	3.44	7.08	9.66

从表 4.27 中可知，有限元的基底剪力与简化力学模型的基底剪力的均值差为
0.52，差异率为 15.12%。有限元的基底弯矩与简化力学模型的基底弯矩的均值差
为 2.58，差异率为 26.71%。

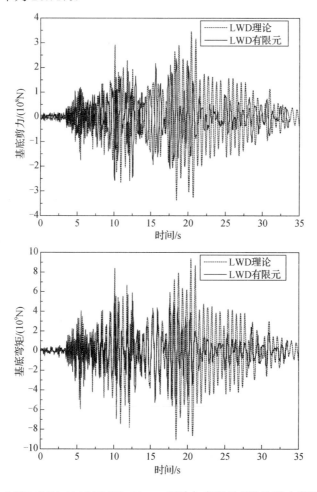

图 4.33　LWD_DEL AMO BLVD_00_nor 理论与有限元对比地震响应时程曲线

表 4.28　Ⅳ类场地地震响应对比

地震波名称	基底剪力/（10^8N）		基底弯矩/（10^9N·m）	
	有限元	简化力学模型	有限元	简化力学模型
天津波	3.59	2.56	7.91	6.77
Pasadena	4.73	5.88	11.31	15.80
TRI_TREASURE ISLAND_90	5.11	5.97	12.40	15.92
人工波 4	4.00	4.66	10.65	12.47
均值	4.36	4.77	10.57	12.74

　　由表 4.28 可知，有限元的基底剪力与简化力学模型的基底剪力的均值差为
0.41，差异率为 8.59%。有限元的基底弯矩与简化力学模型的基底弯矩的均值差为
2.17，差异率为 17.03%。

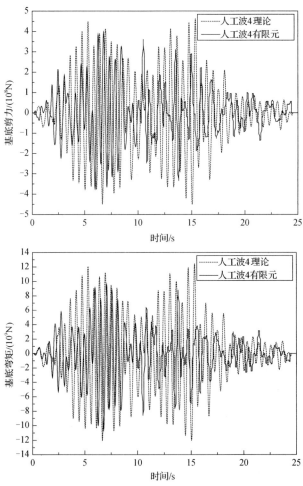

图 4.34　人工波 4 理论与有限元对比地震响应时程曲线

由有限元结果与理论值的对比可以看出，简化力学模型计算出的地震响应理论值要比有限元算出的偏大，其中基底剪力相差在 15%以内，基底弯矩差异率较人，最大可达 33%。分析造成基底弯矩理论值偏大的原因，外罐简化力学模型将外罐壁质量与穹顶质量集中于罐壁上端，而 $16×10^4m^3$ LNG 储罐的外罐高度近40m，若只简化为单质点会造成计算结果存在一定的误差。同时从上述周期讨论中，当以整体进行分析时，液固耦合振动将周期拉长，在简化力学模型分析时是按单体模型进行分析，未考虑液固耦合作用。在实际工程设计中，按照该简化力学模型进行设计会在一定程度上保证结构的安全。

4.3　考虑桩土相互作用的 $16×10^4m^3$ 全容罐抗震数值仿真分析

在计算桩土 LNG 储罐地震响应时，最科学的方法应该采用基岩波作为地震激励，但在以往分析中，采集到的基岩波有限，因此常采用地表波进行分析。本节中选用三条基岩波来计算桩土 LNG 储罐的地震响应。通过计算：一是研究储罐的桩土效应，对比桩土 LNG 储罐与刚性地基储罐的地震响应有何不同；二是计算地震动沿桩土的传播特性，对比不同地震动作用下场地的放大效应；三是对比有限元计算结果与简化力学模型得出的理论值，使之相互验证。

4.3.1　基岩波作用下桩土 LNG 储罐地震响应分析

本节根据某沿海地区实际 LNG 储罐工程为例进行分析，根据《场地地震安全性评价报告》得知，该场地的等效剪切波速为 146m/s，小于 150m/s，场地覆盖层厚度在 15～80m，根据《建筑抗震设计规范（2016 年版）》（GB 50011—2010）相关条款规定，该场地类别属于Ⅲ类中软场地，且存在较厚的软土层，属于抗震不利地段。在模型简化中土体简化为弹簧-阻尼器单元，由相关公式计算出土体的等效刚度和阻尼系数在之前介绍过。这一方法具有很强的适用性，因此得到了广泛的应用。

1. 场地条件

该地区场地较软，场地土分布和基本参数如表 4.29 所示，场地土按照土体名称分为 10 类，共 13 层。

2. 地震动的选取和输入

选用三条基岩波进行计算，分别为 BVP090、绵竹波和什邡波，加速度峰值均为 0.2*g*，如图 4.35 所示。未得到其对应的地表波，提取了经由土体传播后的加速度时程，后与原始基岩波进行叠加从而得到各条基岩波所对应的地表波，如图 4.36 所示。三条地震波的波形图及频谱特性在其他章节有介绍，三条地震波的特性如表 4.30 所示。由表和频谱特性图可以得出，BVP090 地震动周期为 1s，属于中长周期地震动，什邡地震动与绵竹地震动的周期较短，属于短周期地震动；但绵竹地震动的频谱较为复杂，具有多峰性如图 4.37（b）所示。

表 4.29　场地土分布和基本参数

地层编号	岩土名称	层厚/m	泊松比	剪切波速/(m/s)	剪切模量/MPa	弹性模量/MPa
(1)	杂填土	2.38	0.488	214	68.7	204.4
(2)	吹填土	5.87	0.493	180	55.1	164.5
(3)₁	淤泥质粉质黏土	11.26	0.496	130	30.4	91.0
(3)₂	淤泥质粉质黏土	10.02	0.496	125	27.5	82.3
(4)	淤泥质黏土	11.62	0.496	136	32.7	97.9
(5)	粉质黏土	9.51	0.490	223	92.5	275.7
(6)	含砾粉质黏土	3.24	0.486	317	196.0	582.3
(7)	粉质黏土	3.76	0.485	424	356.0	1 057.0
(8)	粉质黏土	4.43	0.485	382	284.6	845.2
(9)	粉质黏土	12.76	0.486	340	228.9	680.4
(10)	含砾粉质黏土	5.95	0.481	511	519.6	1 539.0
(11)₁	强风化凝灰岩	3.74	0.469	751	1 410.0	4 142.9
(11)₂	中风化凝灰岩	—	0.423	1 198	3 903.8	11 112.4

表 4.30　三条地震波的特性

地震波名称	持时/s	频率/Hz	周期/s
BVP090	30	1.00	1.00
绵竹波	80	2.34	0.43
什邡波	80	3.47	0.29

输入地震动时，对于桩土 LNG 储罐采用的是基岩波桩底输入，而对于刚性地基储罐采用的是地表波罐底输入。

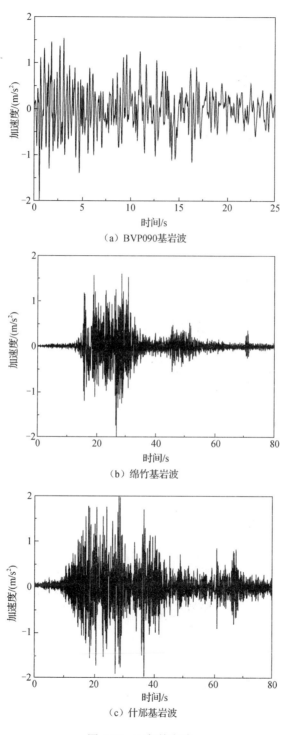

（a）BVP090基岩波

（b）绵竹基岩波

（c）什邡基岩波

图 4.35　三条基岩波

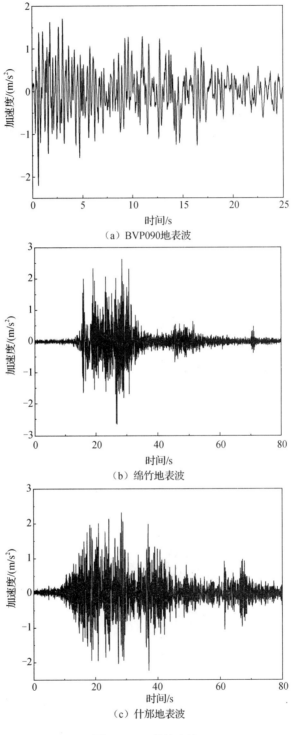

（a）BVP090地表波

（b）绵竹地表波

（c）什邡地表波

图 4.36　三条地表波

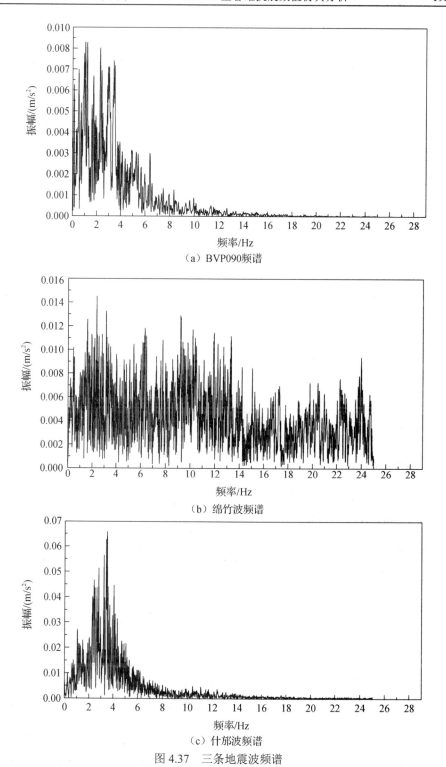

（a）BVP090频谱

（b）绵竹波频谱

（c）什邡波频谱

图 4.37 三条地震波频谱

3. 无桩土与桩土 LNG 储罐有限元结果对比

分别计算了基岩波作用下桩土 LNG 储罐的地震响应和地表波作用下的刚性地基储罐的地震响应，其数据如表 4.31 所示。

表 4.31 桩土 LNG 储罐与刚性地基储罐地震响应

项目	BVP090			绵竹波			什邡波		
	无桩土	桩土	对比/%	无桩土	桩土	对比/%	无桩土	桩土	对比/%
基底剪力/（10^8N）	2.19	1.86	15.07	1.18	1.01	14.41	2.83	2.51	11.31
基底弯矩/（10^9N·m）	4.10	3.56	13.17	2.42	2.01	16.94	5.03	4.69	6.76
晃动波高/m	1.81	1.82	-0.50	1.35	1.36	-0.74	0.66	0.67	-1.52
动液压力/kPa	37.01	29.99	18.97	20.00	16.71	16.45	47.14	41.15	12.71
内罐有效动应力/MPa	186.67	178.71	4.26	167.29	162.37	2.94	204.65	196.46	4.00
内罐轴向动应力/MPa	5.96	4.57	23.32	4.16	3.52	15.38	7.37	5.55	24.69
内罐壁加速度/（m/s²）	14.94	13.91	6.89	7.01	5.64	19.54	7.70	6.35	17.53

注：对比 $= \dfrac{无桩土 - 桩土}{无桩土} \times 100\%$。

表 4.31 计算结果表明：在三条地震动作用下，考虑桩土相互作用后除晃动波高以外，储罐的地震响应均有所降低。在长周期地震动 BVP090 作用下，液体晃动明显，波高 1.8m 以上，是短周期地震动的 3 倍左右。而在绵竹地震动作用下，晃动波高达到了 1.36m，说明该地震波含有长周期成分，从频谱特性中也可以看出很多峰值处在 1Hz 以内。

4. 场地放大效应分析

分别提取三条地震波作用下的桩底加速度与桩头加速度进行对比分析，结果见表 4.32。

表 4.32 桩底与桩头加速度对比

项目	纯土体	BVP090 桩土 LNG 储罐	绵竹波桩土 LNG 储罐	什邡波桩土 LNG 储罐
地下 80m 加速度/（m/s²）	2.00	2.00	2.00	2.00
地表加速度/（m/s²）	2.20	2.38	3.03	2.5
扩大比例/% （$\dfrac{地表加速度 - 地下80m加速度}{地下80m加速度}$）	10	19	51.5	25.00
最大加速度/（m/s²）	2.61	2.61	3.65	2.72
扩大比例/% （$\dfrac{最大加速度 - 地下80m加速度}{地下80m加速度}$）	30.5	30.50	82.5	36.00

由表 4.32、图 4.38 和图 4.39 可以看出，地震动沿桩基础和土体向上传播有放大效应，长周期地震动的放大效果最小，地表加速度扩大 19%，短周期地震动的放大效果为 25%，而对于频谱特性复杂、存在多峰值的绵竹地震动来说放大效果最大，达到了 51.5%。由于地基土呈层状分布，具有很强的非线性性质，图 4.39 中显示的地震动沿桩基础的放大效果也具有很明显的非线性，且在地基深度 20～30m

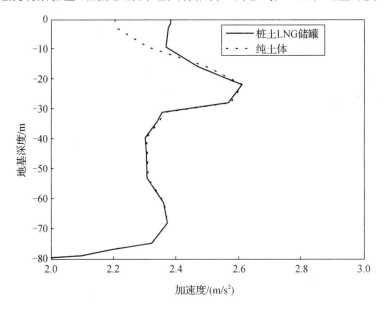

图 4.38　BVP090 沿地基深度加速度对比

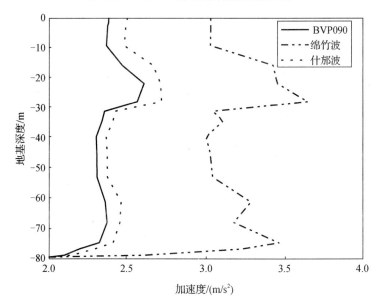

图 4.39　桩土 LNG 储罐模型沿地基深度加速度

之间的淤泥质黏土层加速度最大。除此之外，上部结构也会对地震动的放大效应产生影响，纯土体对 BVP090 地震动的放大效果为 10%，而桩土 LNG 储罐整体模型的放大效果更大，达到了 19%，由此说明上部结构会加强地震动的放大效应，在实际工程的设计和建设中应该对此类问题加以考虑。

4.3.2　理论与有限元对比

上述有限元结果与第二章桩土 LNG 储罐理论值的对比见表 4.33。

表 4.33　理论值与有限元对比

地震波名称	计算方法	基底剪力/（10^8N）	基底弯矩/（10^9N·m）	晃动波高/m
BVP090	有限元	1.86	3.56	1.82
	简化模型计算方法 1	1.08	1.99	1.71
	简化模型计算方法 2	0.97	1.77	1.69
绵竹波	有限元	1.01	2.01	1.36
	简化模型计算方法 1	0.72	1.29	0.93
	简化模型计算方法 2	0.77	1.48	0.92
什邡波	有限元	2.51	4.69	0.67
	简化模型计算方法 1	1.43	2.56	0.36
	简化模型计算方法 2	1.47	2.48	0.36

通过表 4.33 数据可以看出，采用有限元法计算出的地震响应要大于简化力学模型计算出的地震响应。分析造成该结果的原因：有限元分析中建立整体桩土 LNG 储罐精细化模型，桩基高达 80m，造成整个结构变柔，自振周期变大，在遭遇地震响应时会出现"摆动效应"。此外，在有限元模型中每层土体仅在中部设置弹簧-阻尼器单元，其余部分仅由桩基础连接，这也会造成结构的侧向位移增大从而使地震响应偏大。因此在做桩土 LNG 储罐地震响应分析时，应该综合采用多种计算方法，建议建立实体土层模型进行对比分析或根据每层土体高度适当划分多段，由多层弹簧-阻尼器单元模拟土体。

第五章 16×10⁴m³ LNG 全容罐隔震数值仿真分析

本章采用数值仿真分析方法,利用有限元软件 ADINA 建立 $16 \times 10^4 m^3$ LNG 储罐进行计算分析。对于刚性地基储罐,首先以隔震周期为 2s、阻尼比为 0.1 为例,计算各类场地条件下储罐的地震响应,对比场地对地震响应的影响;其次以III类场地为例,变换不同隔震周期和隔震阻尼比,对比不同隔震参数的减震率;最后对比刚性地基储罐的数值仿真解与简化力学模型解,使二者互相验证。对于桩土 LNG 储罐,首先以第四章桩土 LNG 储罐模型和场地条件为基础建立隔震模型,计算该场地条件下不同隔震层参数的地震响应,并与刚性地基储罐进行对比;最后完成桩土 LNG 隔震储罐地震响应的数值仿真解和简化力学模型解。

5.1 隔震模型的建立

LNG 储罐的隔震数值仿真分析同样采用 ADINA 软件进行计算,上部罐体结构的几何参数与4.1.1节一致,此处不再赘述,隔震层位于承台与桩基础之间,本章模拟的隔震层为铅芯叠层橡胶支座。

5.1.1 模型的材料参数

隔震储罐与非隔震储罐所用材料一致,详见4.1.2节,此处重点介绍隔震支座的基本参数和性质,表5.1列举了 LNG 储罐基础隔震支座橡胶垫的相关参数,本章以该隔震支座为原型进行模拟。

表 5.1 橡胶垫参数

外径/mm	800	橡胶层有效承压直径/mm	780
总高度/mm	267	第一形状系数	28.13
橡胶层厚/mm	6	第二形状系数	4.33
橡胶层数	30	轴压承载力/MPa	81.34
橡胶总厚/mm	180	纯剪切时水平等效刚度/(N/mm)	1671.0
钢板层厚/mm	3	压弯时水平等效刚度/(N/mm)	3433.3
钢板层数	29	竖向刚度/(N/mm)	3.048×10^6

有些工程中的叠层橡胶垫构造采用 I 型,连接板和封板用螺栓连接。封板与内部橡胶黏合,橡胶保护层在支座硫化前包裹[1]。其示意图如图5.1所示。

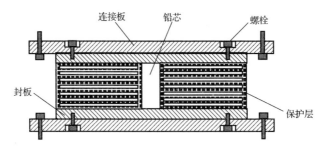

图 5.1　叠层橡胶垫示意图

　　在叠层橡胶垫的中间开孔部位灌入铅，由于纯铅材料具有较低的屈服点和较高的塑性变形耗能能力，使铅芯夹层橡胶垫的阻尼比在 10%～30% 范围内。相关文献研究表明，隔震层等效黏滞阻尼比 ξ 在 0.1～0.4 时，可以具有很好的隔震效果[2]，隔震频率 $\omega = 2 \sim 4\text{rad} / \text{s}$ 时可以有效降低基底剪力。本章采用弹簧单元对隔震层进行简化，隔震层总刚度系数 K_b 和阻尼总系数 C_b 按式（5.1）和式（5.2）计算：

$$K_b = m\left(\frac{2\pi}{T_b}\right)^2 \tag{5.1}$$

$$C_b = \xi m \frac{4\pi}{T_b} \tag{5.2}$$

式中：m 为储罐总质量；T_b 为隔震周期；ξ 为黏滞阻尼比。

5.1.2　LNG 储罐隔震有限元模型

　　单元选取与第四章相同，隔震层选用线弹簧单元模拟，高度为 0.5m，采用节点连接节点布置，总数 993 个。隔震层的刚度和阻尼按照式（5.1）和式（5.2）计算。

　　在做隔震数值仿真分析时，对于无桩土 LNG 储罐，隔震层设置在储罐底部，建立上下两层垫板用以建立隔震层。对于桩土 LNG 储罐，隔震层应设置在储罐承台与桩头之间，但为了建模和提取数据方便，桩土 LNG 储罐的隔震层也设置在上下垫板之间，垫板所用材料质量可忽略，计算结果误差很小，可以忽略[3]，模型如图 5.2 所示。

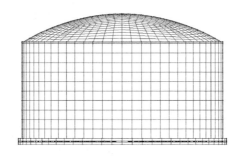

图 5.2　隔震层模型

5.2 $16×10^4m^3$ 无桩土 LNG 全容罐隔震数值仿真分析

5.2.1 场地减震效应分析

关于无桩土 LNG 储罐的隔震响应，在隔震参数 $T=2s$，$\xi=0.1$ 时，选择每类场地的四条地震波进行计算，计算结果见表 5.2～表 5.5。部分隔震响应时程曲线如图 5.3～图 5.6 所示。

表 5.2　Ⅰ类场地隔震响应

地震波名称	类型	基底剪力		基底弯矩		晃动波高		动液压力		内罐有效动应力	
		数值/(10^8N)	减震率/%	数值/(10^9N·m)	减震率/%	数值/m	减震率/%	数值/kPa	减震率/%	数值/MPa	减震率/%
金门公园波	非隔震	1.67	77.25	3.57	77.31	0.49	-38.78	21.23	70.51	37.70	77.29
	隔震	0.38		0.81		0.68		6.26		8.56	
SUPERSTITION MOUNTAIN_45	非隔震	2.10	82.38	5.33	84.62	0.61	-16.39	27.23	79.80	65.85	86.10
	隔震	0.37		0.82		0.71		5.50		9.15	
CPM_CAPE MENDOCINO_90	非隔震	1.40	57.14	2.69	51.30	0.46	-100.00	14.42	43.83	28.92	94.67
	隔震	0.60		1.31		0.92		8.10		1.54	
人工波1	非隔震	2.38	63.03	5.56	63.85	0.62	-111.29	28.14	45.77	161.67	86.61
	隔震	0.88		2.01		1.31		15.26		21.64	

地震波名称	类型	外罐有效动应力		内罐环向动应力		外罐环向动应力		内罐径向动应力		外罐径向动应力	
		数值/MPa	减震率/%	数值/MPa	减震率/%	数值/MPa	减震率/%	数值/kPa	减震率/%	数值/kPa	减震率/%
金门公园波	非隔震	0.57	91.23	37.06	77.25	0.81	90.12	47.85	76.09	170.60	80.92
	隔震	0.05		8.03		0.08		11.44		32.55	
SUPERSTITION MOUNTAIN_45	非隔震	0.58	93.10	64.79	82.38	0.81	91.36	84.25	85.58	129.83	72.54
	隔震	0.04		8.59		0.07		12.15		35.65	
CPM_CAPE MENDOCINO_90	非隔震	0.31	74.19	28.13	57.14	0.44	70.45	36.55	94.58	112.08	43.69
	隔震	0.08		1.28		0.13		1.98		63.11	
人工波1	非隔震	0.49	75.51	159.06	63.03	0.70	72.86	208.49	86.44	163.43	52.18
	隔震	0.12		21.13		0.19		28.28		78.16	

地震波名称	类型	内罐轴向动应力		外罐轴向动应力		内罐壁加速度		外罐壁加速度	
		数值/MPa	减震率/%	数值/MPa	减震率/%	数值/(m/s²)	减震率/%	数值/(m/s²)	减震率/%
金门公园波	非隔震	5.85	76.75	0.30	90.00	9.16	62.55	7.44	53.76
	隔震	1.36		0.03		3.43		3.44	
SUPERSTITION MOUNTAIN_45	非隔震	7.98	84.96	0.33	93.94	8.93	63.94	9.25	64.32
	隔震	1.20		0.02		3.22		3.30	
CPM_CAPE MENDOCINO_90	非隔震	4.48	81.25	0.17	76.47	8.79	33.90	8.13	50.06
	隔震	0.84		0.04		5.81		4.06	
人工波1	非隔震	20.36	79.96	0.26	76.92	12.88	65.22	7.31	43.09
	隔震	4.08		0.06		4.48		4.16	

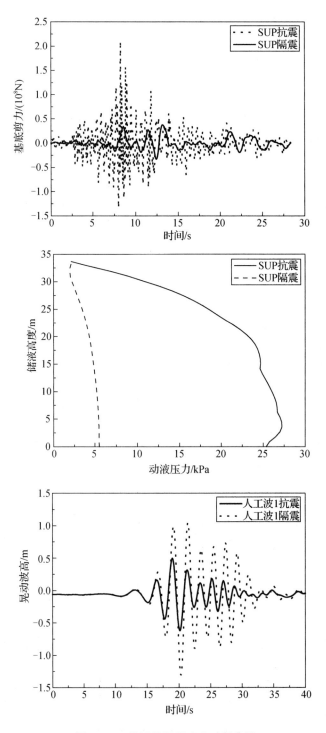

图 5.3　Ⅰ类场地隔震响应时程曲线

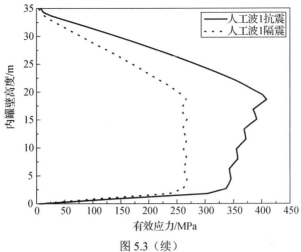

图 5.3（续）

表 5.3　Ⅱ类场地隔震响应

地震波名称	类型	基底剪力		基底弯矩		晃动波高		动液压力		内罐有效动应力	
		数值/(10⁸N)	减震率/%	数值/(10⁹N·m)	减震率/%	数值/m	减震率/%	数值/kPa	减震率/%	数值/MPa	减震率/%
THⅡ 1	非隔震	1.52	67.76	3.59	67.41	0.54	-16.67	40.67	78.93	96.30	83.75
	隔震	0.49		1.17		0.63		8.57		15.65	
兰州波	非隔震	2.18	53.67	5.19	58.19	0.67	-46.27	44.41	67.66	104.94	74.06
	隔震	1.01		2.17		0.98		14.36		27.22	
唐山北京饭店波	非隔震	4.02	56.22	9.51	58.68	0.64	-48.44	63.19	59.17	202.64	71.99
	隔震	1.76		3.93		0.95		25.80		56.75	
人工波 2	非隔震	2.50	32.80	5.74	35.19	0.88	-168.18	42.97	41.01	125.15	55.88
	隔震	1.68		3.72		2.36		25.35		55.22	

地震波名称	类型	外罐有效动应力		内罐环向动应力		外罐环向动应力		内罐径向动应力		外罐径向动应力	
		数值/MPa	减震率/%	数值/MPa	减震率/%	数值/MPa	减震率/%	数值/kPa	减震率/%	数值/kPa	减震率/%
THⅡ 1	非隔震	0.21	52.38	94.68	83.81	0.31	48.39	118.00	82.77	71.19	14.71
	隔震	0.10		15.33		0.16		20.33		60.72	
兰州波	非隔震	0.36	63.89	103.03	74.43	0.52	63.46	135.26	73.71	111.70	11.89
	隔震	0.13		26.34		0.19		35.56		98.42	
唐山北京饭店波	非隔震	0.46	65.22	198.90	71.81	0.67	77.61	261.91	72.07	169.94	8.90
	隔震	0.16		56.07		0.15		73.14		154.81	
人工波 2	非隔震	0.59	61.02	123.14	55.86	0.84	59.52	160.88	55.84	174.80	52.28
	隔震	0.23		54.35		0.34		71.04		83.42	

续表

地震波名称	类型	内罐轴向动应力		外罐轴向动应力		内罐壁加速度		外罐壁加速度			
		数值/MPa	减震率/%	数值/MPa	减震率/%	数值/(m/s²)	减震率/%	数值/(m/s²)	减震率/%		
THⅡ 1	非隔震	9.38	79.64	0.11	54.55	8.25	51.76	4.44	15.99		
	隔震	1.91		0.05		3.98		3.73			
兰州波	非隔震	13.56	76.84	0.19	68.42	10.20	65.10	7.58	54.62		
	隔震	3.14		0.06		3.56		3.44			
唐山北京饭店波	非隔震	24.61	77.04	0.21	61.90	11.79	62.85	5.36	25.37		
	隔震	5.65		0.08		4.38		4.00			
人工波 2	非隔震	14.74	63.30	0.29	65.62	12.13	63.15	6.39	38.34		
	隔震	5.41		0.10		4.47		3.94			

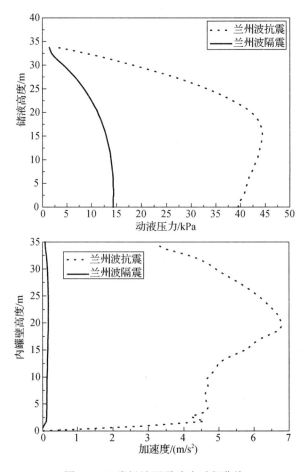

图 5.4　Ⅱ类场地隔震响应时程曲线

表 5.4　III类场地隔震响应

地震波名称	类型	基底剪力		基底弯矩		晃动波高		动液压力		内罐有效动应力	
		数值/(10⁸N)	减震率/%	数值/(10⁹N·m)	减震率/%	数值/m	减震率/%	数值/kPa	减震率/%	数值/MPa	减震率/%
CPC_TOPANGA CANYON_16_nor	非隔震	3.80	50.53	9.25	53.51	1.24	70.16	78.43	49.58	228.55	77.87
	隔震	1.88		4.30		0.37		28.85		50.57	
EMC_FAIRVIEW AVE_90_w	非隔震	2.09	78.95	5.03	80.32	0.27	-18.52	33.45	80.42	82.08	84.48
	隔震	0.44		0.99		0.32		6.55		12.74	
LWD_DEL AMO BLVD_00_nor	非隔震	2.58	70.93	5.88	71.43	0.58	124.14	51.15	77.22	149.34	82.92
	隔震	0.75		1.68		1.30		11.65		25.51	
人工波3	非隔震	3.17	49.84	7.71	54.73	1.63	-74.23	96.35	75.99	230.55	80.32
	隔震	1.59		3.49		2.84		23.13		45.37	

地震波名称	类型	外罐有效动应力		内罐环向动应力		外罐环向动应力		内罐径向动应力		外罐径向动应力	
		数值/MPa	减震率/%	数值/MPa	减震率/%	数值/MPa	减震率/%	数值/kPa	减震率/%	数值/kPa	减震率/%
CPC_TOPANGA CANYON_16_nor	非隔震	0.51	66.67	224.62	77.95	0.73	64.38	363.55	82.14	167.42	21.74
	隔震	0.17		49.53		0.26		64.92		131.03	
EMC_FAIRVIEW AVE_90_w	非隔震	0.62	90.32	80.65	85.37	0.87	88.51	105.31	83.81	147.73	72.94
	隔震	0.06		11.80		0.10		17.05		39.98	
LWD_DEL AMO BLVD_00_nor	非隔震	0.72	86.11	146.23	83.05	1.01	84.16	168.66	80.77	207.09	66.02
	隔震	0.10		24.78		0.16		32.43		70.36	
人工波3	非隔震	0.38	50.00	230.98	80.63	0.55	47.27	523.85	88.96	122.02	25.53
	隔震	0.19		44.75		0.29		57.84		90.87	

地震波名称	类型	内罐轴向动应力		外罐轴向动应力		内罐壁加速度		外罐壁加速度			
		数值/MPa	减震率/%	数值/MPa	减震率/%	数值/(m/s²)	减震率/%	数值/(m/s²)	减震率/%		
CPC_TOPANGA CANYON_16_nor	非隔震	30.33	76.36	0.25	64.00	13.72	57.65	6.24	30.61		
	隔震	7.17		0.09		5.81		4.33			
EMC_FAIRVIEW AVE_90_w	非隔震	10.40	82.02	0.32	90.63	10.78	67.35	7.72	54.15		
	隔震	1.87		0.03		3.52		3.54			
LWD_DEL AMO BLVD_00_nor	非隔震	17.39	86.60	0.39	89.74	10.34	64.22	8.58	57.23		
	隔震	2.33		0.04		3.70		3.67			
人工波3	非隔震	21.33	73.56	0.20	55.00	11.76	63.86	7.17	50.07		
	隔震	5.64		0.09		4.25		3.58			

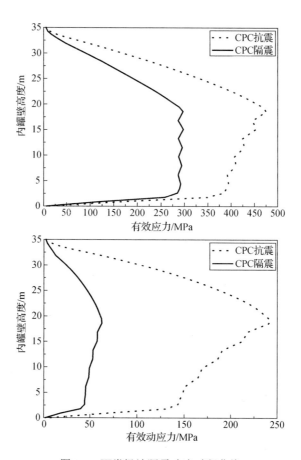

图 5.5　Ⅲ类场地隔震响应时程曲线

表 5.5　Ⅳ类场地隔震响应

地震波名称	类型	基底剪力		基底弯矩		晃动波高		动液压力		内罐有效动应力	
		数值/ （10^8N）	减震率/%	数值/ （10^9N·m）	减震率/%	数值/m	减震率/%	数值/ kPa	减震率/%	数值/ MPa	减震率/%
天津波	非隔震	3.59	18.94	7.91	17.95	0.85	-61.18	53.99	9.76	131.87	21.27
	隔震	2.91		6.49		1.37		43.32		103.82	
Pasadena	非隔震	4.73	46.51	11.31	50.84	2.42	-58.26	99.45	2.88	245.56	64.91
	隔震	2.53		5.56		3.83		36.92		86.17	
TRI_TREASURE ISLAND_90	非隔震	5.11	26.42	12.40	33.55	2.30	-109.57	104.12	7.07	245.08	55.78
	隔震	3.76		8.24		4.82		55.11		108.37	
人工波 4	非隔震	4.00	15.00	10.65	29.39	1.25	-154.4	101.97	0.51	245.21	50.08
	隔震	3.40		7.52		3.18		50.46		122.42	

续表

地震波名称	类型	外罐有效动应力		内罐环向动应力		外罐环向动应力		内罐径向动应力		外罐径向动应力	
		数值/MPa	减震率/%	数值/MPa	减震率/%	数值/MPa	减震率/%	数值/kPa	减震率/%	数值/kPa	减震率/%
天津波	非隔震	0.47	19.15	129.78	21.06	0.68	16.18	219.94	15.89	171.42	29.06
	隔震	0.38		102.45		0.57		185.00		121.60	
Pasadena	非隔震	0.47	34.04	241.82	64.83	0.69	26.09	474.34	70.25	171.13	41.02
	隔震	0.31		85.05		0.51		141.13		100.93	
TRI_TREASURE ISLAND_90	非隔震	0.52	17.31	243.15	55.93	0.75	14.67	573.28	64.13	181.85	32.12
	隔震	0.43		107.15		0.64		205.65		123.44	
人工波 4	非隔震	0.51	11.76	241.91	50.02	0.73	9.59	399.61	41.02	171.97	27.94
	隔震	0.45		120.90		0.66		235.67		123.92	

地震波名称	类型	内罐轴向动应力		外罐轴向动应力		内罐壁加速度		外罐壁加速度			
		数值/MPa	减震率/%	数值/MPa	减震率/%	数值/(m/s²)	减震率/%	数值/(m/s²)	减震率/%		
天津波	非隔震	16.47	28.78	0.22	27.27	8.58	42.89	5.68	16.02		
	隔震	11.73		0.16		4.90		4.77			
Pasadena	非隔震	33.54	72.54	0.22	27.27	13.44	60.19	4.44	5.18		
	隔震	9.21		0.16		5.35		4.21			
TRI_TREASURE ISLAND_90	非隔震	35.92	64.50	0.54	20.37	13.99	64.33	4.97	12.47		
	隔震	12.75		0.43		4.99		4.35			
人工波 4	非隔震	34.69	56.33	0.24	20.83	17.66	63.70	4.31	20.88		
	隔震	15.15		0.19		6.41		3.41			

分析计算结果，当采用隔震周期为 2s，隔震阻尼比为 0.1 时，各类场地桩土 LNG 储罐的地震响应除晃动波高以外均有不同程度的减小，这验证了隔震的有效性。

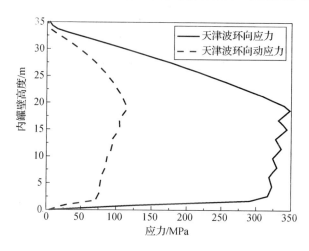

图 5.6　Ⅳ类场地隔震响应时程曲线

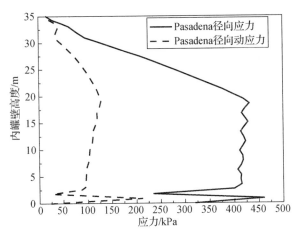

图 5.6（续）

对比各类场地的减震率发现Ⅰ类场地的隔震效果最好，Ⅳ类场地的隔震效果最差，减震率有大幅度降低。从场地类别角度看，Ⅳ类场地较软，场地卓越周期较长，属于抗震不利场地。计算中所采用的Ⅳ类场地波的周期相对于其他三类场地波也较长，在采用隔震措施时，在周期较长的地震动作用下的隔震效果没有中短周期地震动隔震效果好。

5.2.2 隔震参数分析

以三类场地为例分析隔震周期和阻尼比对减震效果的影响，保持隔震周期为2s 时阻尼比在 0.1～0.4 变化，保持隔震阻尼比为 0.2 时周期在 1～4s 变化，计算结果见表 5.6～表 5.12。部分隔震响应时程曲线如图 5.7～图 5.11 所示。

表 5.6　T=2s，ξ=0.1 时储罐隔震响应

地震波名称	类型	基底剪力		基底弯矩		晃动波高		动液压力		内罐有效动应力	
		数值/(10^8N)	减震率/%	数值/(10^9N·m)	减震率/%	数值/m	减震率/%	数值/kPa	减震率/%	数值/MPa	减震率/%
CPC_TOPANGA CANYON	非隔震	3.80	50.53	9.25	53.51	1.24	70.16	78.43	9.58	228.55	77.87
	隔震	1.88		4.30		0.37		28.85		50.57	
LWD_DEL AMO BLVD	非隔震	2.58	70.93	5.88	71.43	0.58	-124.14	51.15	7.22	149.34	82.92
	隔震	0.75		1.68		1.30		11.65		25.51	
EMC_FAIRVIEW AVE	非隔震	2.09	78.95	5.03	80.32	0.27	-18.52	33.45	0.42	82.08	84.48
	隔震	0.44		0.99		0.32		6.55		12.74	
人工波 3	非隔震	3.17	49.84	7.71	54.73	1.63	-74.23	96.35	5.99	230.55	80.32
	隔震	1.59		3.49		2.84		23.13		45.37	

续表

地震波名称	类型	外罐有效动应力		内罐环向动应力		外罐环向动应力		内罐径向动应力		外罐径向动应力	
		数值/MPa	减震率/%	数值/MPa	减震率/%	数值/MPa	减震率/%	数值/kPa	减震率/%	数值/kPa	减震率/%
CPC_TOPANGA CANYON	非隔震	0.51	66.67	224.62	77.95	0.73	64.38	363.55	82.14	167.42	21.74
	隔震	0.17		49.53		0.26		64.92		131.03	
LWD_DEL AMO BLVD	非隔震	0.72	86.11	146.23	83.05	1.01	84.16	168.66	80.77	207.09	66.02
	隔震	0.10		24.78		0.16		32.43		70.36	
EMC_FAIRVIEW AVE	非隔震	0.62	90.32	80.65	85.37	0.87	88.51	105.31	83.81	147.73	72.94
	隔震	0.06		11.80		0.10		17.05		39.98	
人工波 3	非隔震	0.38	50.00	230.98	80.63	0.55	47.27	523.85	88.96	122.02	25.53
	隔震	0.19		44.75		0.29		57.84		90.87	

地震波名称	类型	内罐轴向动应力		外罐轴向动应力		内罐壁加速度		外罐壁加速度	
		数值/MPa	减震率/%	数值/MPa	减震率/%	数值/(m/s²)	减震率/%	数值/(m/s²)	减震率/%
CPC_TOPANGA CANYON	非隔震	30.33	76.36	0.25	64.00	13.72	57.65	6.24	30.61
	隔震	7.17		0.09		5.81		4.33	
LWD_DEL AMO BLVD	非隔震	17.39	86.60	0.39	89.74	10.34	64.22	8.58	57.23
	隔震	2.33		0.04		3.70		3.67	
EMC_FAIRVIEW AVE	非隔震	10.40	82.02	0.32	90.63	10.78	67.35	7.72	54.15
	隔震	1.87		0.03		3.52		3.54	
人工波 3	非隔震	21.33	73.56	0.2	55.00	11.76	63.86	7.17	50.07
	隔震	5.64		0.09		4.25		3.58	

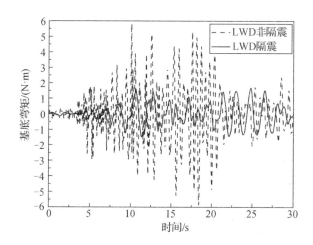

图 5.7 T=2s，ξ=0.1 时储罐隔震响应时程曲线

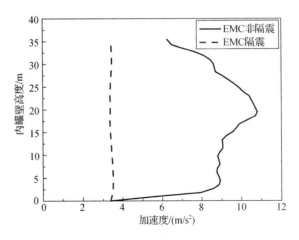

图 5.7（续）

表 5.7　T=2s，ξ =0.2 时储罐隔震响应

地震波名称	类型	基底剪力		基底弯矩		晃动波高		动液压力		内罐有效动应力	
		数值/（10^8N）	减震率/%	数值/（10^9N·m）	减震率/%	数值/m	减震率/%	数值/kPa	减震率/%	数值/MPa	减震率/%
CPC_TOPANGA CANYON	非隔震	3.80	59.21	9.25	56.86	1.24	-104.03	78.43	64.45	228.55	83.54
	隔震	1.55		3.99		2.53		27.88		37.62	
LWD_DEL AMO BLVD	非隔震	2.58	75.19	5.88	71.43	0.58	-124.14	51.15	77.20	149.34	82.88
	隔震	0.64		1.68		1.30		11.66		25.57	
EMC_FAIRVIEW AVE	非隔震	2.09	85.17	5.03	83.50	0.27	-62.96	33.45	89.54	82.08	85.75
	隔震	0.31		0.83		0.44		3.50		11.70	
人工波 3	非隔震	3.17	62.15	7.71	63.16	1.63	-49.69	96.35	79.14	230.55	82.48
	隔震	1.20		2.84		2.44		20.10		40.39	

地震波名称	类型	外罐有效动应力		内罐环向动应力		外罐环向动应力		内罐径向动应力		外罐径向动应力	
		数值/MPa	减震率/%	数值/MPa	减震率/%	数值/MPa	减震率/%	数值/kPa	减震率/%	数值/kPa	减震率/%
CPC_TOPANGA CANYON	非隔震	0.51	66.67	224.62	83.59	0.73	64.38	363.55	86.79	167.42	23.29
	隔震	0.17		36.87		0.26		48.02		128.43	
LWD_DEL AMO BLVD	非隔震	0.72	84.72	146.23	83.02	1.01	83.17	168.66	83.04	207.09	63.65
	隔震	0.11		24.83		0.17		32.51		75.27	
EMC_FAIRVIEW AVE	非隔震	0.62	88.71	80.65	86.35	0.87	88.51	105.31	85.43	147.73	72.47
	隔震	0.07		11.01		0.10		15.34		40.67	
人工波 3	非隔震	0.38	52.63	230.98	82.90	0.55	49.09	523.85	90.13	122.02	30.19
	隔震	0.18		39.49		0.28		51.73		91.83	

续表

地震波名称	类型	内罐轴向动应力		外罐轴向动应力		内罐壁加速度		外罐壁加速度			
		数值/MPa	减震率/%	数值/MPa	减震率/%	数值/(m/s²)	减震率/%	数值/(m/s²)	减震率/%		
CPC_TOPANGA CANYON	非隔震	30.33	75.30	0.25	68.00	13.72	56.71	6.24	31.09		
	隔震	7.49		0.08		5.94		4.30			
LWD_DEL AMO BLVD	非隔震	17.39	87.18	0.39	87.18	10.34	64.22	8.58	57.46		
	隔震	2.23		0.05		3.70		3.65			
EMC_FAIRVIEW AVE	非隔震	10.40	78.65	0.32	87.50	10.78	66.98	7.72	55.18		
	隔震	2.22		0.04		3.56		3.46			
人工波 3	非隔震	21.33	78.01	0.20	60.00	11.76	62.07	7.17	51.19		
	隔震	4.69		0.08		4.46		3.50			

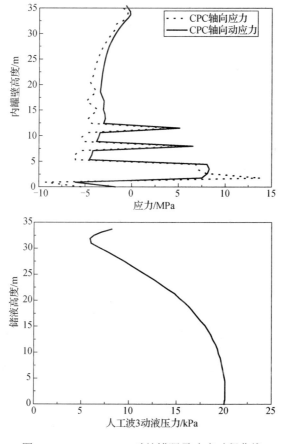

图 5.8 $T=2\text{s}$，$\xi=0.2$ 时储罐隔震响应时程曲线

表 5.8　$T=2s$，$\xi=0.3$ 时储罐隔震响应

地震波名称	类型	基底剪力		基底弯矩		晃动波高		动液压力		内罐有效动应力	
		数值/(10^8 N)	减震率/%	数值/(10^9 N·m)	减震率/%	数值/m	减震率/%	数值/kPa	减震率/%	数值/MPa	减震率/%
金门公园波	非隔震	3.80	66.05	9.25	57.19	1.24	-68.55	78.43	64.39	228.55	82.73
	隔震	1.29		3.96		2.09		27.93		39.47	
SUPERSTITION MOUNTAIN_45	非隔震	2.58	81.78	5.88	72.10	0.58	-53.45	51.15	68.27	149.34	72.69
	隔震	0.47		1.64		0.89		16.23		40.79	
CPM_CAPE MENDOCINO_90	非隔震	2.09	87.56	5.03	81.31	0.27	-40.74	33.45	75.16	82.08	83.30
	隔震	0.26		0.94		0.38		8.31		13.71	
人工波 1	非隔震	3.17	69.40	7.71	61.74	1.63	-38.04	96.35	78.28	230.55	83.16
	隔震	0.97		2.95		2.25		20.93		38.82	

地震波名称	类型	外罐有效动应力		内罐环向动应力		外罐环向动应力		内罐径向动应力		外罐径向动应力	
		数值/MPa	减震率/%	数值/MPa	减震率/%	数值/MPa	减震率/%	数值/kPa	减震率/%	数值/kPa	减震率/%
金门公园波	非隔震	0.51	68.63	224.62	82.68	0.73	65.75	363.55	86.19	167.42	28.90
	隔震	0.16		38.90		0.25		50.22		119.04	
SUPERSTITION MOUNTAIN_45	非隔震	0.72	81.94	146.23	73.02	1.01	80.20	168.66	73.43	207.09	61.78
	隔震	0.13		39.46		0.20		50.92		79.15	
CPM_CAPE MENDOCINO_90	非隔震	0.62	85.48	80.65	83.46	0.87	83.91	105.31	83.23	147.73	72.14
	隔震	0.09		13.34		0.14		17.66		41.16	
人工波 1	非隔震	0.38	57.89	230.98	83.47	0.55	54.55	523.85	88.84	122.02	8.82
	隔震	0.16		38.18		0.25		49.41		111.26	

地震波名称	类型	内罐轴向动应力		外罐轴向动应力		内罐壁加速度		外罐壁加速度			
		数值/MPa	减震率/%	数值/MPa	减震率/%	数值/(m/s²)	减震率/%	数值/(m/s²)	减震率/%		
金门公园波	非隔震	30.33	75.04	0.25	68.00	13.72	56.71	6.24	36.86		
	隔震	7.57		0.08		5.94		3.94			
SUPERSTITION MOUNTAIN_45	非隔震	17.39	78.49	0.39	82.05	10.34	59.28	8.58	57.69		
	隔震	3.74		0.07		4.21		3.63			
CPM_CAPE MENDOCINO_90	非隔震	10.40	76.06	0.32	84.38	10.78	65.21	7.72	56.48		
	隔震	2.49		0.05		3.75		3.36			
人工波 1	非隔震	21.33	76.70	0.20	60.00	11.76	62.07	7.17	56.21		
	隔震	4.97		0.08		4.46		3.41			

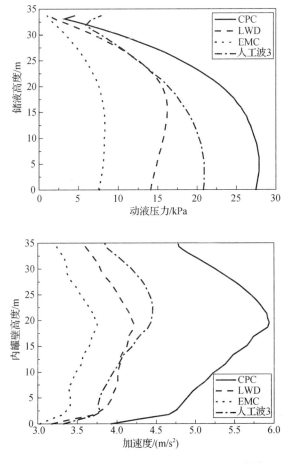

图 5.9　T=2s，ξ=0.3 时储罐隔震响应时程曲线

表 5.9　T=2s，ξ=0.4 时储罐隔震响应

地震波名称	类型	基底剪力		基底弯矩		晃动波高		动液压力		内罐有效动应力	
		数值/(10⁸N)	减震率/%	数值/(10⁹N·m)	减震率/%	数值/m	减震率/%	数值/kPa	减震率/%	数值/MPa	减震率/%
CPC_TOPANGA CANYON	非隔震	3.80	70.79	9.25	57.41	1.24	-48.39	78.43	64.31	228.55	76.59
	隔震	1.11		3.94		1.84		27.99		53.51	
LWD_DEL AMO BLVD	非隔震	2.58	84.50	5.88	68.88	0.58	-37.93	51.15	63.30	149.34	67.82
	隔震	0.40		1.83		0.80		18.77		48.06	
EMC_FAIRVIEW AVE	非隔震	2.09	89.47	5.03	76.54	0.27	-25.93	33.45	73.39	82.08	78.68
	隔震	0.22		1.18		0.34		8.90		17.50	
人工波 3	非隔震	3.17	59.53	7.71	-25.77	1.63	77.21	96.35	81.60	230.55	57.89
	隔震	0.85		3.12		2.05		21.96		42.43	

续表

地震波名称	类型	外罐有效动应力 数值/MPa	外罐有效动应力 减震率/%	内罐环向动应力 数值/MPa	内罐环向动应力 减震率/%	外罐环向动应力 数值/MPa	外罐环向动应力 减震率/%	内罐径向动应力 数值/kPa	内罐径向动应力 减震率/%	外罐径向动应力 数值/kPa	外罐径向动应力 减震率/%
CPC_TOPANGA CANYON	非隔震	0.51	68.63	224.62	76.54	0.73	65.75	363.55	81.16	167.42	33.00
	隔震	0.16		52.69		0.25		68.51		112.17	
LWD_DEL AMO BLVD	非隔震	0.72	77.78	146.23	67.62	1.01	76.24	168.66	67.98	207.09	59.34
	隔震	0.16		47.35		0.24		61.38		84.21	
EMC_FAIRVIEW AVE	非隔震	0.62	82.26	80.65	78.91	0.87	80.46	105.31	83.44	147.73	69.75
	隔震	0.11		17.01		0.17		21.87		44.69	
人工波3	非隔震	0.38	68.95	230.98	56.36	0.55	87.78	523.85	13.60	122.02	75.34
	隔震	0.16		71.73		0.24		54.11		105.43	

地震波名称	类型	内罐轴向动应力 数值/MPa	内罐轴向动应力 减震率/%	外罐轴向动应力 数值/MPa	外罐轴向动应力 减震率/%	内罐壁加速度 数值/(m/s²)	内罐壁加速度 减震率/%	外罐壁加速度 数值/(m/s²)	外罐壁加速度 减震率/%
CPC_TOPANGA CANYON	非隔震	30.33	74.71	0.25	68.00	13.72	56.56	6.24	41.99
	隔震	7.67		0.08		5.96		3.62	
LWD_DEL AMO BLVD	非隔震	17.39	72.34	0.39	79.49	10.34	57.16	8.58	57.93
	隔震	4.81		0.08		4.43		3.61	
EMC_FAIRVIEW AVE	非隔震	10.40	73.65	0.32	81.25	10.78	63.82	7.72	57.64
	隔震	2.74		0.06		3.90		3.27	
人工波3	非隔震	21.33	60.00	0.20	62.93	11.76	54.67	7.17	59.53
	隔震	5.26		0.08		4.36		3.25	

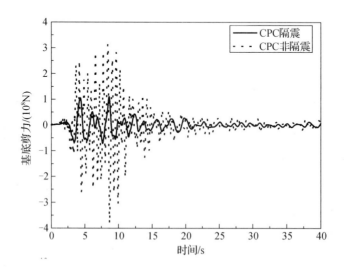

图 5.10　T=2s，ζ=0.4 时储罐隔震响应时程曲线

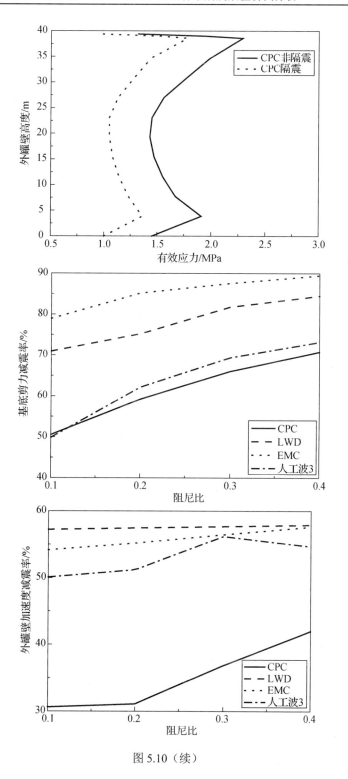

图 5.10（续）

1. 隔震层阻尼比对隔震效果的影响

保持隔震周期为 2s 时，随着隔震层阻尼比的增大减震效果变好，当阻尼比由 0.1 变化为 0.4 时，减震率可提高 20%。结合第三章中的相关隔震计算，在实际工程中不能因此而选择过大的阻尼比，还要结合经济效益等因素进行综合选择。

表 5.10 　$T=1s$，$\xi=0.2$ 时储罐隔震响应

地震波名称	类型	基底剪力		基底弯矩		晃动波高		动液压力		内罐有效动应力	
		数值/ (10^8N)	减震 率/%	数值/ (10^9N·m)	减震 率/%	数值/m	减震 率/%	数值/ kPa	减震 率/%	数值/ MPa	减震 率/%
CPC_TOPANGA CANYON	非隔震	3.80	42.37	9.25	37.51	1.24	-20.16	78.43	42.13	228.55	43.74
	隔震	2.19		5.78		1.49		45.39		128.58	
LWD_DEL AMO BLVD	非隔震	2.58	39.92	5.88	30.44	0.58	-17.24	51.15	31.67	149.34	34.05
	隔震	1.55		4.09		0.68		34.95		98.49	
EMC_FAIRVIEW AVE	非隔震	2.09	50.72	5.03	46.92	0.27	-18.52	33.45	41.97	82.08	39.88
	隔震	1.03		2.67		0.32		19.41		49.35	
人工波 3	非隔震	3.17	17.98	7.71	14.40	1.63	-6.75	96.35	49.08	230.55	73.48
	隔震	2.60		6.60		1.74		49.06		61.15	

地震波名称	类型	外罐有效动应力		内罐环向动应力		外罐环向动应力		内罐径向动应力		外罐径向动应力	
		数值/ MPa	减震 率/%	数值/ MPa	减震 率/%	数值 /MPa	减震 率/%	数值 /kPa	减震 率/%	数值 /kPa	减震 率/%
CPC_TOPANGA CANYON	非隔震	0.51	49.02	224.62	43.72	0.73	45.21	363.55	49.26	167.42	29.88
	隔震	0.26		126.41		0.40		184.45		117.40	
LWD_DEL AMO BLVD	非隔震	0.72	63.89	146.23	33.73	1.01	61.39	168.66	24.77	207.09	22.58
	隔震	0.26		96.91		0.39		126.88		160.32	
EMC_FAIRVIEW AVE	非隔震	0.62	72.58	80.65	39.70	0.87	71.26	105.31	40.15	147.73	28.35
	隔震	0.17		48.63		0.25		63.03		105.85	
人工波 3	非隔震	0.38	23.68	230.98	73.91	0.55	21.82	523.85	83.30	122.02	3.11
	隔震	0.29		60.26		0.43		87.46		118.23	

地震波名称	类型	内罐轴向动应力		外罐轴向动应力		内罐壁加速度		外罐壁加速度			
		数值/ MPa	减震 率/%	数值/ MPa	减震 率/%	数值/ (m/s^2)	减震 率/%	数值/ (m/s^2)	减震 率/%		
CPC_TOPANGA CANYON	非隔震	30.33	52.72	0.25	52.00	13.72	50.51	6.24	43.75		
	隔震	14.34		0.12		6.79		3.51			
LWD_DEL AMO BLVD	非隔震	17.39	33.41	0.39	69.23	10.34	45.65	8.58	53.03		
	隔震	11.58		0.12		5.62		4.03			
EMC_FAIRVIEW AVE	非隔震	10.40	49.42	0.32	71.88	10.78	57.51	7.72	49.22		
	隔震	5.26		0.09		4.58		3.92			
人工波 3	非隔震	21.33	38.16	0.20	40.00	11.76	54.42	7.17	54.67		
	隔震	13.19		0.12		5.36		3.25			

表 5.11 T=3s, ξ=0.2 时储罐隔震响应

地震波名称	类型	基底剪力		基底弯矩		晃动波高		动液压力		内罐有效动应力	
		数值/(10⁸N)	减震率/%	数值/(10⁹N·m)	减震率/%	数值/m	减震率/%	数值/kPa	减震率/%	数值/MPa	减震率/%
CPC_TOPANGA CANYON	非隔震	3.80	76.05	9.25	74.38	1.24	-33.87	78.43	78.63	228.55	89.51
	隔震	0.91		2.37		1.66		16.76		23.97	
LWD_DEL AMO BLVD	非隔震	2.58	87.21	5.88	83.50	0.58	-48.28	51.15	84.48	149.34	89.66
	隔震	0.33		0.97		0.86		7.94		15.44	
EMC_FAIRVIEW AVE	非隔震	2.09	81.82	5.03	91.05	0.27	-3.70	33.45	86.40	82.08	92.34
	隔震	0.38		0.45		0.28		4.55		6.29	
人工波 3	非隔震	3.17	73.19	7.71	71.47	1.63	-59.51	96.35	84.70	230.55	88.94
	隔震	0.85		2.20		2.60		14.74		25.50	

地震波名称	类型	外罐有效动应力		内罐环向动应力		外罐环向动应力		内罐径向动应力		外罐径向动应力	
		数值/MPa	减震率/%	数值/MPa	减震率/%	数值/MPa	减震率/%	数值/kPa	减震率/%	数值/kPa	减震率/%
CPC_TOPANGA CANYON	非隔震	0.51	80.39	224.62	89.58	0.73	78.08	363.55	91.43	167.42	53.14
	隔震	0.10		23.40		0.16		31.15		78.46	
LWD_DEL AMO BLVD	非隔震	0.72	90.28	146.23	89.71	1.01	89.11	168.66	89.86	207.09	77.37
	隔震	0.07		15.04		0.11		19.44		46.86	
EMC_FAIRVIEW AVE	非隔震	0.62	93.55	80.65	92.90	0.87	93.10	105.31	91.91	147.73	85.80
	隔震	0.04		5.73		0.06		8.52		20.98	
人工波 3	非隔震	0.38	65.79	230.98	89.29	0.55	65.45	523.85	93.69	122.02	25.36
	隔震	0.13		24.73		0.19		33.07		91.07	

地震波名称	类型	内罐轴向动应力		外罐轴向动应力		内罐壁加速度		外罐壁加速度			
		数值/MPa	减震率/%	数值/MPa	减震率/%	数值/(m/s²)	减震率/%	数值/(m/s²)	减震率/%		
CPC_TOPANGA CANYON	非隔震	30.33	85.00	0.25	80.00	13.72	63.27	6.24	35.90		
	隔震	4.55		0.05		5.04		4.00			
LWD_DEL AMO BLVD	非隔震	17.39	90.45	0.39	92.31	10.34	62.28	8.58	58.16		
	隔震	1.66		0.03		3.90		3.59			
EMC_FAIRVIEW AVE	非隔震	10.40	87.12	0.32	93.75	10.78	67.72	7.72	55.18		
	隔震	1.34		0.02		3.48		3.46			
人工波 3	非隔震	21.33	84.76	0.20	70.00	11.76	64.03	7.17	48.95		
	隔震	3.25		0.06		4.23		3.66			

表 5.12　T=4s，ξ =0.2 时储罐隔震响应

地震波名称	类型	基底剪力 数值/(10⁸N)	减震率/%	基底弯矩 数值/(10⁹N·m)	减震率/%	晃动波高 数值/m	减震率/%	动液压力 数值/kPa	减震率/%	内罐有效动应力 数值/MPa	减震率/%
CPC_TOPANGA CANYON	非隔震	3.80	87.89	9.25	85.08	1.24	19.35	78.43	86.36	228.55	92.33
	隔震	0.46		1.38		1.00		10.70		17.53	
LWD_DEL AMO BLVD	非隔震	2.58	93.41	5.88	90.14	0.58	20.69	51.15	91.09	149.34	94.77
	隔震	0.17		0.58		0.46		4.56		7.81	
EMC_FAIRVIEW AVE	非隔震	2.09	93.30	5.03	94.04	0.27	11.11	33.45	90.10	82.08	94.47
	隔震	0.14		0.30		0.24		3.31		4.54	
人工波 3	非隔震	3.17	85.80	7.71	82.88	1.63	-6.13	96.35	90.29	230.55	91.74
	隔震	0.45		1.32		1.73		9.36		19.04	

地震波名称	类型	外罐有效动应力 数值/MPa	减震率/%	内罐环向动应力 数值/MPa	减震率/%	外罐环向动应力 数值/MPa	减震率/%	内罐环向动应力 数值/kPa	减震率/%	外罐径向动应力 数值/kPa	减震率/%
CPC_TOPANGA CANYON	非隔震	0.51	86.27	224.62	92.63	0.73	83.56	363.55	93.56	167.42	66.35
	隔震	0.07		16.56		0.12		23.40		56.34	
LWD_DEL AMO BLVD	非隔震	0.72	90.28	146.23	95.23	1.01	88.12	168.66	94.49	207.09	72.79
	隔震	0.07		6.98		0.12		10.56		56.34	
EMC_FAIRVIEW AVE	非隔震	0.62	95.16	80.65	94.87	0.87	95.40	105.31	94.29	147.73	91.32
	隔震	0.03		4.14		0.04		6.01		12.82	
人工波 3	非隔震	0.38	81.58	230.98	92.06	0.55	80.00	523.85	99.34	122.02	56.03
	隔震	0.07		18.33		0.11		3.45		53.65	

地震波名称	类型	内罐轴向动应力 数值/MPa	减震率/%	外罐轴向动应力 数值/MPa	减震率/%	内罐壁加速度 数值/(m/s²)	减震率/%	外罐壁加速度 数值/(m/s²)	减震率/%		
CPC_TOPANGA CANYON	非隔震	30.33	90.44	0.25	84.00	13.72	67.57	6.24	77.78		
	隔震	2.90		0.04		4.45		3.72			
LWD_DEL AMO BLVD	非隔震	17.39	56.35	0.39	89.74	10.34	63.15	8.58	56.64		
	隔震	7.59		0.04		3.81		3.72			
EMC_FAIRVIEW AVE	非隔震	10.40	90.77	0.32	93.75	10.78	68.00	7.72	55.57		
	隔震	0.96		0.02		3.45		3.43			
人工波 3	非隔震	21.33	58.09	0.20	80.00	11.76	65.56	7.17	49.09		
	隔震	8.94		0.04		4.05		3.65			

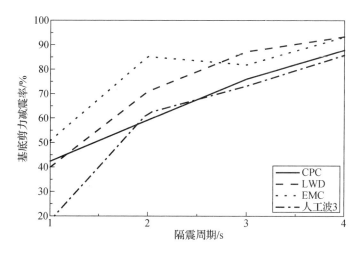

图 5.11　隔震周期对减震率的影响

2. 隔震层周期比对隔震效果的影响

保持隔震阻尼比为 0.2 时，随着隔震层周期的增大减震效果变好，当隔震周期由 1s 变化为 4s 时，减震率可提高 40%左右，并且在Ⅲ类场地条件下，隔震周期达到 3～4s 时对液体晃动也有一定的控制。

5.2.3　理论与有限元对比

对上述数值仿真（有限元）结果与第三章简化力学模型计算的理论结果进行统计和对比，结果如下。

1. 不同场地条件对比

统计隔震参数 T=2s，ξ=0.1 时各类场地的隔震响应，进行有限元与简化力学模型所得解的对比，结果见表 5.13～表 5.16。

表 5.13　Ⅰ 类场地地震响应有限元与简化力学模型解对比

地震波名称	基底剪力/（10⁸N）		基底弯矩/（10⁹N·m）	
	有限元	简化力学模型	有限元	简化力学模型
金门公园波	0.38	0.26	0.81	0.68
SUPERSTITION MOUNTAIN_45	0.37	0.44	0.82	1.12
CPM_CAPE MENDOCINO_90	0.60	0.48	1.31	1.25
人工波 1	0.88	0.82	2.01	2.09
均值	0.55	0.50	1.24	1.29

表 5.14　II 类场地地震响应有限元与简化力学模型解对比

地震波名称	基底剪力/（10^8N）		基底弯矩/（10^9N·m）	
	有限元	简化力学模型	有限元	简化力学模型
TH II 1	0.49	0.49	1.17	1.23
兰州波	1.01	1.05	2.17	2.68
唐山北京饭店波	1.76	4.03	3.93	10.33
人工波 2	1.68	1.22	3.72	3.13
均值	1.24	1.69	2.75	4.34

表 5.15　III 类场地地震响应有限元与简化力学模型解对比

地震波名称	基底剪力/（10^8N）		基底弯矩/（10^9N·m）	
	有限元	简化力学模型	有限元	简化力学模型
CPC_TOPANGA CANYON_16_nor	1.88	1.72	4.30	4.41
EMC_FAIRVIEW AVE_90_w	0.44	0.36	0.99	0.95
LWD_DEL AMO BLVD_00_nor	0.75	0.80	1.68	2.08
人工波 3	1.59	1.41	3.49	3.63
均值	1.17	1.07	2.62	2.77

表 5.16　IV 类场地地震响应有限元与简化力学模型解对比

地震波名称	基底剪力/（10^8N）		基底弯矩/（10^9N·m）	
	有限元	简化力学模型	有限元	简化力学模型
天津波	2.91	4.10	6.49	10.54
Pasadena	2.53	2.10	5.56	5.37
TRI_TREASURE ISLAND_90	3.76	3.54	8.24	9.07
人工波 4	3.40	3.04	7.52	7.82
均值	3.15	3.20	6.95	8.20

在隔震周期为 2s，阻尼比为 0.1 时，对比各类场地刚性地基储罐的有限元解与简化力学模型解发现二者比较接近，但不同地震动的作用效果不同，有的地震动作用下有限元解较大，有的简化力学模型解则较大，整体上二者较为接近，可以互相验证。

2. 不同隔震周期对比

以 III 类场地为例，在隔震阻尼比为 0.2 时，对比不同隔震周期下刚性地基储罐的有限元解与简化力学模型解，数值统计见表 5.17。

表 5.17　不同隔震周期刚性地基储罐有限元与简化力学模型解对比

地震波名称		基底剪力/（10^8N）		基底弯矩/（10^9N·m）	
		有限元	简化力学模型	有限元	简化力学模型
$T=1s$, $\xi=0.2$	CPC_TOPANGA CANYON_16_nor	2.19	2.41	5.78	6.30
	EMC_FAIRVIEW AVE_90_w	1.03	1.19	2.67	3.09
	LWD_DEL AMO BLVD_00_nor	1.55	1.70	4.09	4.44
	人工波3	2.60	2.30	6.60	6.07
	均值	1.84	1.90	4.79	4.98
$T=2s$, $\xi=0.2$	CPC_TOPANGA CANYON_16_nor	1.55	1.42	3.99	3.69
	EMC_FAIRVIEW AVE_90_w	0.31	0.35	0.83	0.91
	LWD_DEL AMO BLVD_00_nor	0.75	0.56	1.68	1.42
	人工波3	1.20	1.17	2.84	3.03
	均值	0.95	0.88	2.34	2.26
$T=3s$, $\xi=0.2$	CPC_TOPANGA CANYON_16_nor	0.91	1.09	2.37	2.93
	EMC_FAIRVIEW AVE_90_w	0.14	0.20	0.45	0.51
	LWD_DEL AMO BLVD_00_nor	0.33	0.42	0.97	1.09
	人工波3	0.85	0.91	2.20	2.30
	均值	0.56	0.66	1.50	1.71
$T=4s$, $\xi=0.2$	CPC_TOPANGA CANYON_16_nor	0.46	0.63	1.38	1.64
	EMC_FAIRVIEW AVE_90_w	0.38	0.13	0.30	0.32
	LWD_DEL AMO BLVD_00_nor	0.17	0.26	0.58	0.66
	人工波3	0.45	0.60	1.32	1.56
	均值	0.37	0.41	0.90	1.05

通过表 5.17 有限元解与简化力学模型解的对比发现：在Ⅲ类场地条件下，保持隔震阻尼比为 0.2 时，只有在隔震周期为 2s 的情况下刚性地基储罐的地震响应简化力学模型解小于有限元解，其他隔震周期情况下均是简化力学模型解大于有限元解；但无论在何种隔震参数下二者的数值都较为接近，因此可以互相验证。

3. 不同隔震阻尼比对比

以Ⅲ类场地为例，在隔震周期为 2s 时，对比不同隔震阻尼下刚性地基储罐的有限元解与简化力学模型解，数值统计见表 5.18。

表 5.18　不同隔震阻尼比刚性地基储罐有限元与简化力学模型解对比

地震波名称		基底剪力/（10^8N）		基底弯矩/（10^9N·m）	
		有限元	简化力学模型	有限元	简化力学模型
T=2s, ξ = 0.1	CPC_TOPANGA CANYON_16_nor	1.88	1.72	4.30	4.41
	EMC_FAIRVIEW AVE_90_w	0.44	0.36	0.99	0.95
	LWD_DEL AMO BLVD_00_nor	0.75	0.80	1.68	2.08
	人工波 3	1.59	1.41	3.49	3.63
	均值	1.17	1.07	2.62	2.77
T=2s, ξ = 0.2	CPC_TOPANGA CANYON_16_nor	1.55	1.42	3.99	3.69
	EMC_FAIRVIEW AVE_90_w	0.31	0.35	0.83	0.91
	LWD_DEL AMO BLVD_00_nor	0.75	0.56	1.68	1.42
	人工波 3	1.20	1.17	2.84	3.03
	均值	0.95	0.88	3.13	2.96
T=2s, ξ = 0.3	CPC_TOPANGA CANYON_16_nor	1.29	1.37	3.96	3.53
	EMC_FAIRVIEW AVE_90_w	0.26	0.43	0.94	1.14
	LWD_DEL AMO BLVD_00_nor	0.47	0.57	1.64	1.47
	人工波 3	0.97	1.21	2.95	3.15
	均值	1.01	1.13	3.13	2.92
T=2s, ξ = 0.4	CPC_TOPANGA CANYON_16_nor	1.11	1.36	3.94	3.50
	EMC_FAIRVIEW AVE_90_w	0.22	0.52	1.18	1.42
	LWD_DEL AMO BLVD_00_nor	0.40	0.69	1.83	1.62
	人工波 3	0.85	1.26	3.12	3.30
	均值	0.87	1.17	3.21	2.98

保持隔震周期为 2s，隔震层阻尼比由 0.1～0.4 变化时，刚性地基 LNG 储罐的有限元解与简化力学模型解数值十分接近，误差范围在 10%以内；在阻尼比为 0.1 和 0.2 时，有限元解结果偏大；在阻尼比为 0.3 和 0.4 时，简化力学模型计算出的基底剪力偏大、基底弯矩偏小。综合分析，在进行 LNG 储罐隔震设计时，可以借鉴简化力学模型结果。

5.3　$16 \times 10^4 m^3$ 桩土 LNG 全容罐隔震数值仿真分析

桩土相互作用对储罐的影响不容忽视[4,5]，在科研中，将桩土整体简化为弹簧-阻尼器体系较为简便[6]，但模型不能反映桩基与土体的各自状态，本章与第四章采用相同的建模手段，在桩头建立隔震层，计算桩土 LNG 储罐的隔离响应。

5.3.1 地震动的选取和输入

本节选用三条基岩波进行计算，分别为 BVP090、绵竹波、什邡波，加速度峰值均为 $0.2g$，其相应的地表波经由土体传播后提取的加速度时程与原始基岩波叠加得到。三条地表波的波形图及频谱特性如图 5.12 所示，可以从频谱特性中看出，BVP090 地震动属于长周期地震动，绵竹地震动频谱特性复杂，具有多峰性，什邡地震动属于短周期地震动。

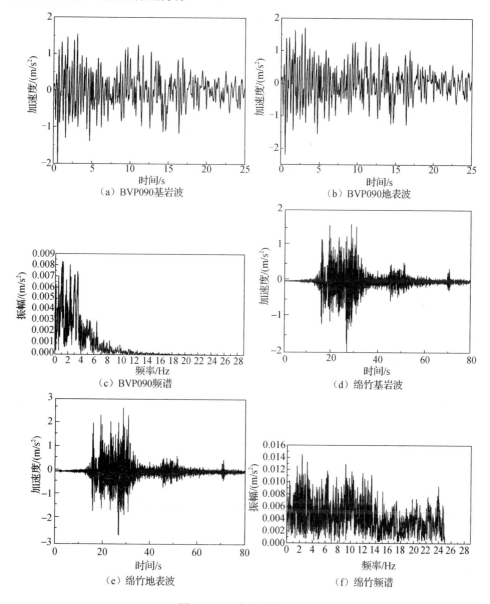

图 5.12 三条地震波频谱

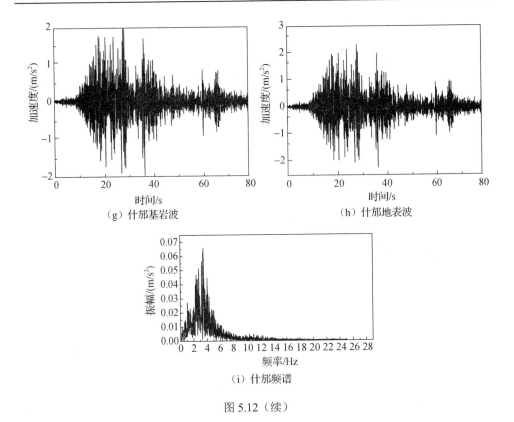

（g）什邡基岩波　　　　　　（h）什邡地表波

（i）什邡频谱

图 5.12（续）

5.3.2 无桩土和桩土 LNG 储罐隔震效果对比分析

本节计算了不同隔震参数情况下无桩土 LNG 储罐和桩土 LNG 储罐的地震响应，对比不同隔震周期和阻尼比对隔震效果的影响。计算结果见表 5.19～表 5.22，无桩土 LNG 储罐基底剪力和基底弯矩时程曲线如图 5.13 和图 5.14 所示。

表 5.19　无桩土 LNG 储罐不同隔震周期地震响应

地震响应	抗震	T=1s，ξ=0.2		T=2s，ξ=0.2		T=3s，ξ=0.2		T=4s，ξ=0.2	
		隔震	减震率/%	隔震	减震率/%	隔震	减震率/%	隔震	减震率/%
基底剪力/（10^8N）	2.19	1.01	53.88	0.67	69.41	0.59	73.06	0.36	83.56
基底弯矩/（10^9N·m）	4.10	1.94	52.68	1.23	70.00	1.20	70.73	0.77	81.22
晃动波高/m	1.81	1.82	-0.55	1.90	-4.97	1.84	-1.66	1.81	0
动液压力/kPa	37.01	17.39	53.01	10.72	71.03	10.22	72.39	9.00	75.68
内罐有效动应力/MPa	186.67	157.01	15.89	149.31	20.01	147.76	20.84	145.68	21.96
内罐轴向动应力/MPa	5.96	3.52	40.94	2.86	52.01	2.75	53.86	2.65	55.54
内罐壁加速度/（m/s²）	14.94	12.42	16.87	12.11	18.94	12.08	19.14	12.07	19.21

表 5.20　桩土 LNG 储罐不同隔震周期地震响应

地震响应	抗震	T=1s，ξ=0.2		T=2s，ξ=0.2		T=3s，ξ=0.2		T=4s，ξ=0.2	
		隔震	减震率/%	隔震	减震率/%	隔震	减震率/%	隔震	减震率/%
基底剪力/（10⁸N）	1.86	0.99	46.77	0.68	63.44	0.59	68.28	0.36	80.65
基底弯矩/（10⁹N·m）	3.56	1.83	48.60	1.19	66.57	1.16	67.42	0.74	79.21
晃动波高/m	1.82	1.83	-0.55	1.91	-4.95	1.84	-1.10	1.82	0
动液压力/kPa	29.99	15.80	47.32	10.27	65.76	9.63	67.89	9.02	69.92
内罐有效动应力/MPa	178.71	144.67	19.05	149.89	16.13	148.45	16.93	146.31	18.13
内罐轴向动应力/MPa	4.57	5.43	-18.82	5.18	-13.35	5.04	-10.28	5.03	-10.07
内罐壁加速度/（m/s²）	13.91	12.40	10.86	12.37	11.07	12.35	11.21	9.23	33.64

表 5.21　无桩土 LNG 储罐不同阻尼比地震响应

地震响应	抗震	T=2s，ξ=0.1		T=2s，ξ=0.2		T=2s，ξ=0.3		T=2s，ξ=0.4	
		隔震	减震率/%	隔震	减震率/%	隔震	减震率/%	隔震	减震率/%
基底剪力/（10⁸N）	2.19	0.78	64.38	0.67	69.41	0.57	73.97	0.49	77.63
基底弯矩/（10⁹N·m）	4.10	1.39	66.10	1.23	70.00	1.13	72.44	1.08	73.66
晃动波高/m	1.81	1.97	-8.54	1.90	-4.68	1.86	-2.48	1.84	-1.38
动液压力/kPa	37.01	13.14	64.50	10.72	71.03	10.74	70.98	10.88	70.60
内罐有效动应力/MPa	186.67	149.47	19.93	149.31	20.01	149.42	19.96	149.59	19.86
内罐轴向动应力/MPa	5.96	2.86	52.01	2.86	52.01	2.87	52.01	2.89	51.51
内罐壁加速度/（m/s²）	14.94	12.11	17.75	12.11	17.75	12.15	18.67	12.21	18.27

表 5.22　桩土 LNG 储罐不同阻尼比地震响应

地震响应	抗震	T=2s，ξ=0.1		T=2s，ξ=0.2		T=2s，ξ=0.3		T=2s，ξ=0.4	
		隔震	减震率/%	隔震	减震率/%	隔震	减震率/%	隔震	减震率/%
基底剪力/（10⁸N）	1.86	0.79	57.47	0.68	63.44	0.57	69.35	0.49	73.66
基底弯矩/（10⁹N·m）	3.56	1.32	62.92	1.19	66.57	1.09	69.38	1.04	70.79
晃动波高/m	1.82	1.97	-8.24	1.91	-4.95	1.87	-2.75	1.85	-1.65
动液压力/kPa	29.99	12.09	59.69	10.27	65.76	9.61	67.96	10.11	66.29
内罐有效动应力/MPa	178.71	150.30	15.90	149.89	16.13	149.81	16.17	149.83	16.16
内罐轴向动应力/MPa	4.57	5.21	-12.28	5.18	-13.35	5.16	-12.91	5.17	-13.13
内罐壁加速度/（m/s²）	13.91	12.37	12.45	12.37	11.07	12.37	11.07	12.36	11.14

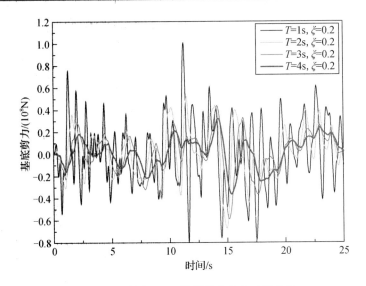

图 5.13　无桩土 LNG 储罐基底剪力时程曲线

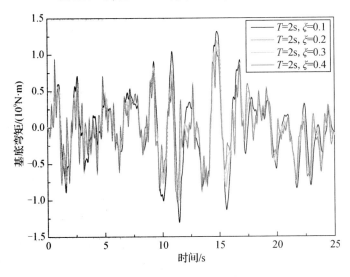

图 5.14　无桩土 LNG 储罐基底弯矩时程曲线

　　由表 5.20 和表 5.21 的计算结果得出结论,采取隔震措施后,除晃动波高外,储罐的地震响应明显降低,最佳隔震率可以达到 80%,这验证了隔震的有效性;选用相同参数的隔震装置时,按照刚性地基假设的储罐隔震效果大于桩土 LNG 储罐,说明隔震设计时应考虑桩土作用的影响;在 $\xi=0.2$ 时,随着隔震周期的增大隔震效果变好,当 $T=4s$, $\xi=0.2$ 时隔震效果最佳;隔震设计时,桩土 LNG 储罐的轴向应力会有所增大,增大程度在 10%~20%。

　　由表 5.22 和表 5.23 得出结论,当隔震周期控制在 2s 时,随着阻尼比的增大,隔震效果越发明显,并且随着阻尼比的增大,晃动波高有所减小。但在实际工程中，阻尼比会影响工程造价，并且由前述第三章简化力学模型地震响应可知，当阻尼比增大到一定程度时减震效果变得缓慢。鉴于此，可根据实际工程需要选择合适的阻尼比完成隔震设计。

5.3.3 理论与有限元对比

上述采用有限元法计算了桩土 LNG 储罐在各隔震参数下的地震响应，以此与第三章简化力学模型地震响应进行对比，表 5.23 统计了有限元结果与两种土体参数计算下储罐地震响应的理论值。

由此我们得到，有限元法计算出的基底剪力要大于简化力学模型计算出的基底剪力，而基底弯矩则小于简化力学模型计算出的基底弯矩。总体上看，有限元结果与简化力学模型结果较为接近，可以在分析时对二者进行对比分析。

表 5.23 理论与有限元对比

地震响应		BVP090		
		有限元	计算方法 1	计算方法 2
T=2s，ξ=0.1	基底剪力/（10^8N）	0.79	0.76	0.61
	基底弯矩/（10^9N·m）	1.32	1.99	1.64
T=2s，ξ=0.2	基底剪力/（10^8N）	0.68	0.60	0.55
	基底弯矩/（10^9N·m）	1.19	1.59	1.49
T=2s，ξ=0.3	基底剪力/（10^8N）	0.57	0.57	0.48
	基底弯矩/（10^9N·m）	1.09	1.49	1.33
T=2s，ξ=0.4	基底剪力/（10^8N）	0.49	0.58	0.46
	基底弯矩/（10^9N·m）	1.04	1.54	1.23
T=1s，ξ=0.2	基底剪力/（10^8N）	0.99	1.00	0.83
	基底弯矩/（10^9N·m）	1.83	2.69	2.22
T=3s，ξ=0.2	基底剪力/（10^8N）	0.59	0.58	0.52
	基底弯矩/（10^9N·m）	1.16	1.58	1.40
T=4s，ξ=0.2	基底剪力/（10^8N）	0.36	0.37	0.34
	基底弯矩/（10^9N·m）	0.74	1.02	0.87

参 考 文 献

[1] 孙建刚. 立式储罐动响应若干问题研究[D]. 哈尔滨：哈尔滨工程大学，2005.

[2] 孙建刚，崔利富，张营，等. 土与结构相互作用对储罐地震响应的影响[J]. 地震工程与工程振动，2010，30（3）：141-146.

[3] 孙建刚. 大型立式储罐隔震——理论、方法及实验[M]. 北京：科学出版社，2009.

[4] 张营. 大型全容式 LNG 储罐地震响应数值模拟研究[D]. 大庆：东北石油大学，2011.

[5] 孙建刚，崔利富，赵长军，等. 15×10⁴m³ 立式储罐隔震设计分析[J]. 地震工程与工程振动，2010，8（4）：153-158.

[6] 崔利富. 大型 LNG 储罐基础隔震与晃动控制研究[D]. 大连：大连海事大学，2012.

第六章 储罐振动台试验

本章对桩土LNG储罐振动台试验展开细致介绍,本次试验的土体采用辽宁大连粉质黏土,储罐有两种罐型,直径均为0.9m,罐壁厚度为9mm,储罐高度分别为0.8m、1.37m。储罐高度为1.37m的罐型,储液高度为1.2m,高径比为1.52。储罐高度为0.8m的罐型,储液高度为0.65m,高径比为0.88。因此可将两种储罐类型分别归为"细高型"和"一般储罐"。储罐为有机玻璃储罐,罐内液体为水。具体内容如下。

（1）测试设计的土箱边界效应是否良好。

（2）观测土体加速度、土体对加速度的放大系数,土体地表加速度频谱特性。

（3）研究桩身加速度变化,并与土体加速度变化形成对比。

（4）观测桩土-结构体系相互作用,并观测桩身应力变化。

6.1 试 验 设 备

本次试验设备采用的是大连民族大学土木工程学院实验室的振动台,该振动台为单向振动,由土木工程学院自主研制而成,采用四连杆传动机制输出单向振动,其控制系统采用位移波输入。其他相关参数如表6.1所示。

表6.1 振动台设备技术参数

台面尺寸/（m×m）	频率/Hz	振动形式	承重能力/t	最大位移/mm
3×3	0.1～50	单向	50	±80

实际振动台设备如图6.1所示。

图6.1 振动台设备

6.2 试验模型及测点布置

试验测点布置如图 6.2 所示，测点分别位于储罐底部、液面高度范围中间位置、液面处（罐液耦合明显处）。试验增加工况 JM 波 $0.15g\sim0.6g$，El Centro 波 $0.15g\sim0.6g$，Taft 波 $0.15g\sim0.6g$，Pasadena 波 $0.15g\sim0.6g$。

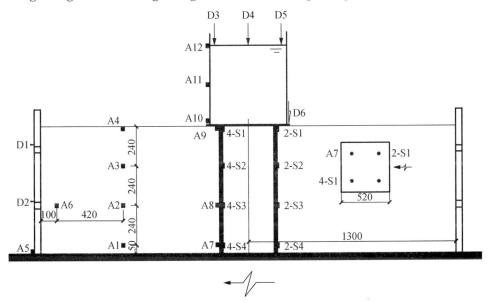

图 6.2 试验测点布置

6.3 结 果 分 析

6.3.1 试验现象

地震动峰值较小时，结构产生微小振动，液体晃动波高较小。输入峰值增加，结构体系运动剧烈，相互作用明显，储罐摆动明显，储液晃动波高增加。单从晃动波高来看，长周期地震动下液体产生的晃动波高较大，并且从试验过程来看，长周期产生的晃动波高需要长时间消散，长周期下，储液晃动主要以第一阶振动为主，边界处产生大幅波高，而液面中部波高相对较小。短周期地震波激励下，液体晃动波高在完成第一阶晃动后，随后液体与罐壁产生剧烈的激振，而且激振时间较长。

6.3.2 结构体系放大效应

结构体系指桩结构、承台、上部储罐结构。试验有两种罐型，分别为 $H=0.8\text{m}$，

H_w=0.65m；H=1.37m，H_w=1.2m。实际结构体系如图 6.3 所示，储罐与承台之间铺一层橡胶垫。

（a）H=0.8m 体系　　　　　　　　　　（b）H=1.37m 体系

图 6.3　桩土 LNG 储罐实物模型

将储罐高度为 0.8m 结构体系的放大倍数进行图 6.4 形式处理。

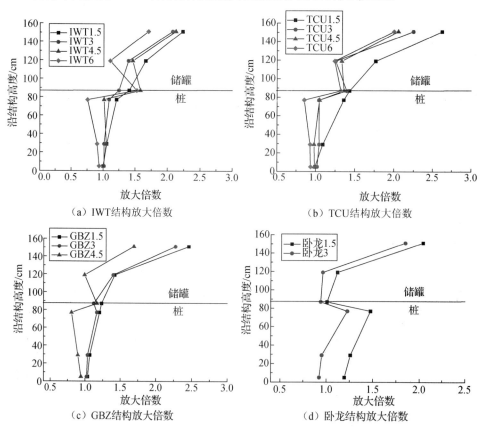

（a）IWT 结构放大倍数　　　　　　　　（b）TCU 结构放大倍数

（c）GBZ 结构放大倍数　　　　　　　　（d）卧龙结构放大倍数

图 6.4　H=0.8m 储罐结构体系放大倍数

上述基岩波输入后，从图 6.4 中可以看出，结构放大效应整体表现为沿结构高度方向增大，且随着地震动输入峰值的增加，结构体系的放大倍数减小。主要原因为随着输入峰值的增加，土体不断软化，非线性增强，传递能量的能力降低，致使桩土 LNG 储罐整个结构体系相互作用加强，结构放大效应减小。

此外，地震动输入峰值较小时，上部储罐加速度放大倍数沿储罐高度逐渐放大。当输入峰值增加时，罐壁加速度沿高度方向先减小后增大。所有工况中，罐液耦合明显处加速度最大。储罐加速度有上述变化规律的原因可能为小震时储罐底部与承台的相互作用较小，储罐摆动较小，整体运动变化与承台保持一致，也就是上部反应大、下部反应小。而随着加速度峰值的增加，储罐底部出现明显摆动，储罐底部与承台相互作用明显，使底部加速度稍有增加。罐壁中部加速度峰值减小，也可能与土体的耗能作用相关。

同一条地震波中，当振动台输入峰值达到一定峰值后，罐壁中部加速度峰值才开始减小，说明与输入峰值相关，而此时土体非线性也十分明显。不同地震波作用下，罐壁中点加速度峰值开始减弱的峰值不同，说明与地震波特性有关。

储罐高度为 0.8m 的结构体系的放大倍数如上所述，接下来查看储罐高度为 1.37m 的体系变化规律，如图 6.5 所示。

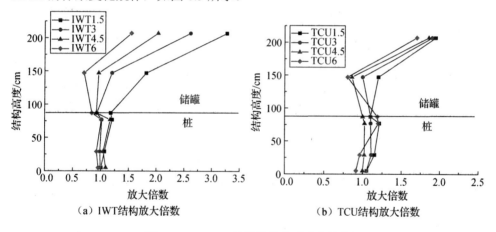

图 6.5　H=1.37m 储罐结构体系放大倍数

从图 6.5 中可以看出，图 6.5（a）、（b）整体变化规律基本一致，存在的差别可能与结构的储液高度、测点布置等相关。此外，对比两种罐型体系的加速度放大效应可以说明，体系的加速度放大效应变化规律除了与输入的地震波密切相关外，与储罐类型也有一定关系。

6.3.3　晃动波高分析

晃动波高与输入地震动的卓越周期相关，因此将上述地震波分为一般地震波和长周期地震波。在上述地震波中，地震波卓越周期如表 6.2 所示。因振动台位移波输入时间间隔的限制，对原始地震波进行抽点处理后，某些地震波发生一些变化。因此以振动台台面采集的加速度来进行傅里叶变化进行分析。

表 6.2　地震波卓越周期

周期/s							
一般地震动					长周期地震动		
IWT	卧龙	JM	El	Taft	Pasadena	TCU	GBZ
0.296	0.208	0.181	0.202	0.20	0.453	0.184	0.8

注：下文分析中分别将一般地震动和长周期地震动数据均值处理。

1. 周期对晃动波高的影响

表 6.3 和表 6.4 列举了在不同卓越周期地震作用下，高度为 0.8m 和 1.37m 的储罐在不同加速度峰值地震作用下的晃动波高峰值。

表 6.3　晃动波高峰值（H=0.8m）

加速度峰值	晃动波高峰值/mm							
	一般地震动					长周期地震动		
	IWT	卧龙	JM	El	Taft	Pasadena	TCU	GBZ
0.15g	2.6	3.13	5.160	12.200	18.49	15.26	23.39	37.07
0.3g	12.523	20.145	21.15	17.362	27.145	42.856	46.921	68.342
0.45g	15.034	31.314	38.616	28.719	37.293	65.067	66.312	79.284
0.6g	20.993	35.344	61.195	40.195	48.975	68.535	91.41	

表 6.4　晃动波高峰值（H=1.37m）

加速度峰值	晃动波高峰值/mm							
	一般地震动					长周期地震动		
	IWT	卧龙	JM	El	Taft	Pasadena	TCU	GBZ
0.15g	6.835	13.78	10.550	13.900	14.33	20.6	27.44	36.5
0.3g	14.54	30.77	30.84	17.9	28.36	54.14	49.34	81.62
0.45g	21.12	45.91	50.340	27.160	53	62.43	81.1	89.45
0.6g	25.61	61.59	65.910	44.690	61.01	79.17	118.2	

储液为长周期晃动，因此输入地震动的长周期成分对储液晃动有很大的影响，图 6.6 为两种尺寸储罐作用下的晃动波高，通过分析得出如下结论。

（1）一般地震动时，随着输入加速度峰值的增加，储液晃动波高大致呈线性增加。长周期地震动下则为非线性增加。

（2）长周期地震动作用下，储液晃动波高大于一般地震动情况。通过对波高晃动分析，储液晃动周期约为 1s，输入的地震动中卓越周期都小于 1s，其中最大的是 GBZ 为 0.8s，靠近储液晃动周期，更容易与液体产生共振现象，因此对于储罐来说，长周期地震动产生的影响不容忽视。

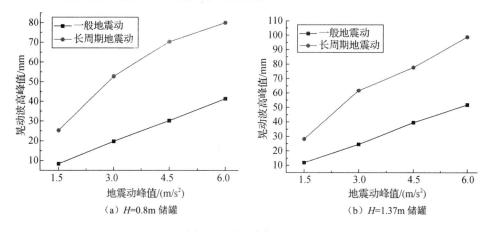

（a）H=0.8m 储罐 　　　　（b）H=1.37m 储罐

图 6.6 晃动波高对比图

2. 储罐类型对晃动波高的影响

由图 6.7 可以得出，储液晃动波高不仅与地震波卓越周期有关，还与储罐类型有关。储罐高度为 1.37m 的高径比为 1.52，储罐高度为 0.8m 的高径比为 0.88，因此可将两种储罐类型分别归为"细高型"和"一般储罐"。因此得出如下结论：储罐类型不同，液体产生的晃动波高不同，细高型储罐相比于一般储罐，液体产生的波高稍大。长短周期地震动激励下，都表现出此种规律。

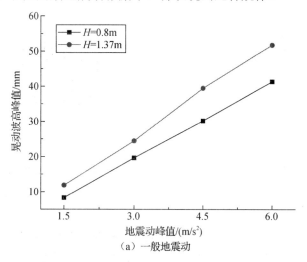

（a）一般地震动

图 6.7 储罐高度对晃动波高的影响

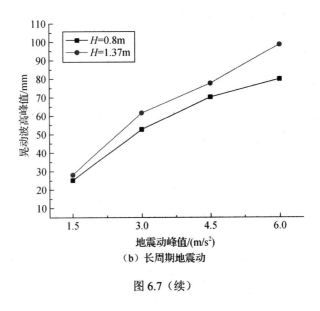

（b）长周期地震动

图 6.7（续）

6.4　数值仿真分析

　　利用 ADINA 软件对高度为 0.8m 的储罐结构体系进行数值仿真分析，进行数值仿真分析的目的主要是与试验相互验证，并对比两者存在的差异。数值仿真材料物理性能以试验测量为准，整体建模思路与大型石油储罐桩土体系相同，整体结构模型如图 6.8 所示。承台板与储罐底部设置接触对，如图 6.9 所示。桩土间不考虑分离。因 TCU 地震波晃动波高较为明显，以 TCU0.3g 进行数值仿真分析。对比分析主要以主要节点加速度时程及晃动波高为主。

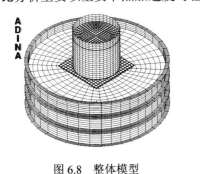

图 6.8　整体模型

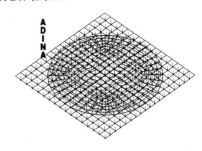

图 6.9　接触设置

6.4.1　加速度对比

　　加速度主要分为三部分：土体高度方向测点的加速度、桩体加速度和储罐壁加速度，分别从加速度时程及傅里叶谱值图来进行对比（图 6.10）。对应土体加速度为 A1～A4，桩上的加速度为 A7～A9，储罐上的加速度为 A10～A12。对比如图 4.9～图 4.11 所示。

　　图 6.10 中加速度时程曲线显示，由 A1 到 A4 无论是主要峰值点还是波形上都拟合得较好。从 A1 到 A4 的加速度时程曲线来看，尽管仿真值较为理想，但从土体高度来说，试验值与仿真值的差别被扩大。右侧加速度傅里叶振幅图中显示，试验值与仿真值拟合较好。在 0～10Hz 之间，仿真值与试验值的振幅基本相同，图中的振幅也基本持平，在 10～15Hz 内，随着土体高度的增加，振幅差异逐渐增加。

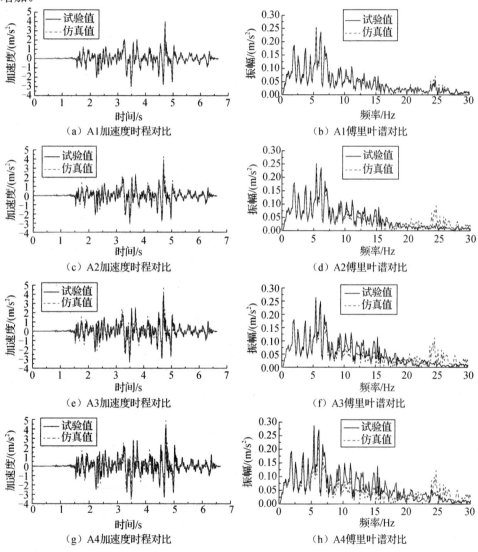

图 6.10　土体中加速度时程、傅里叶谱对比

　　从加速度时程曲线、加速度主要峰值点、加速度傅里叶图来看，仿真值与试验值相差不多，两者可相互验证。

　　从图 6.11 中可以看出，桩体的加速度与傅里叶振幅差异较小。加速度时程曲线中主要峰值与波形变化基本一致，且傅里叶振幅中主要频段与主要峰值点基本相同。因此，对于桩体来说，数值仿真较为理想。

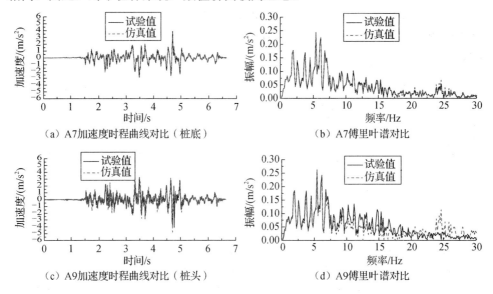

(a) A7加速度时程曲线对比（桩底）　　　　(b) A7傅里叶谱对比

(c) A9加速度时程曲线对比（桩头）　　　　(d) A9傅里叶谱对比

图 6.11　桩体加速度时程曲线、傅里叶谱对比

　　图 6.12 显示，相比土体、桩的数值分析来说，罐壁加速度存在的差异有些大，并且从傅里叶谱值图来看，数值仿真中罐壁加速度测点的傅里叶幅值与试验值相差较大，说明仿真后传到罐壁的能量削弱了许多。尽管从图形上来看差异较大，但从表 6.5 的数值中可以看出，仿真值与试验值最大差异为 22.2%，可以接受。而对于上部储罐来说，差异较大的主要原因可能为储罐底部与承台间浮放接触的问题，实际的有机玻璃罐底部增加了一圈加固玻璃，目的是增加罐壁与罐底的连接性，增加了底部刚度，因此在输入加速度峰值较大时，其底部与承台板的反应较剧烈。而数值仿真中，罐壁与罐底板等厚度，且性质相同，与实际的加工模型存在一些差别。

表 6.5　试验值与仿真值对比

项目	加速度/（m/s²）									
	A1	A2	A3	A4	A7	A8	A9	A10	A11	A12
试验值	3.997	3.919	3.993	4.514	3.850	3.945	3.935	5.262	4.736	8.479
仿真值	3.881	4.290	4.704	4.923	3.749	3.902	4.790	5.093	5.238	6.594
差异	3.0%	9.45%	17.8%	9.06%	2.63%	1.08%	21.7%	3.2%	10.5%	22.2%

注：差异=|仿真值-试验值|/试验值。

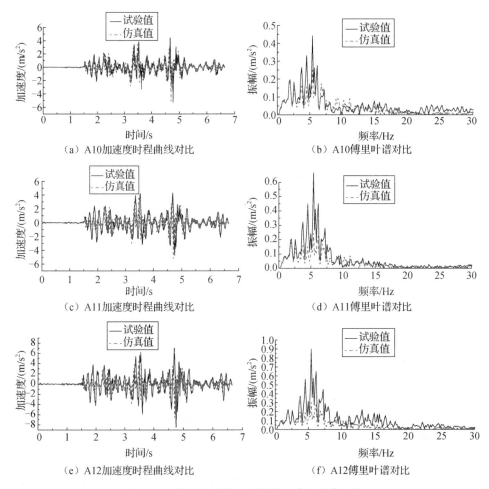

（a）A10加速度时程曲线对比　　　　（b）A10傅里叶谱对比

（c）A11加速度时程曲线对比　　　　（d）A11傅里叶谱对比

（e）A12加速度时程曲线对比　　　　（f）A12傅里叶谱对比

图 6.12　罐壁加速度时程曲线、傅里叶谱对比

6.4.2　晃动波高对比

对于晃动波高来说，选取了 H=1.37m、H=0.8m 两种罐型在加速度峰值为 0.3g 的 TCU 地震波下的数值仿真工况。为便于观察晃动波高，在水中滴了几滴红墨水。在晃动波高的采集中，采用实验室内的位移计，并加以改装进行晃动波高的采集，但因位移计有一定弹力，因此采集的晃动波高相比实际值偏小一些。

如图 6.13 所示，振动台实际输出加速度为 3.772m/s²，H=1.37m 储罐采集的边侧晃动波高为 63.26mm，数值仿真计算同一位置处的晃动波高为 81.24mm，差异率为 28.3%。H=0.8m 储罐采集的边侧晃动波高为 52.24mm，数值仿真计算同一位置处的晃动波高为 62.30mm，差异率为 16.1%。

在晃动波高的计算中，数值仿真的数值均比试验数值大。数值仿真情况与试验得出的规律一致，H=1.37m 储罐的晃动波高大于 H=0.8m 储罐的晃动波高。

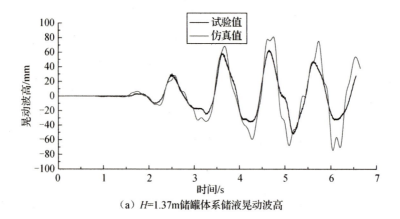

（a）H=1.37m储罐体系储液晃动波高

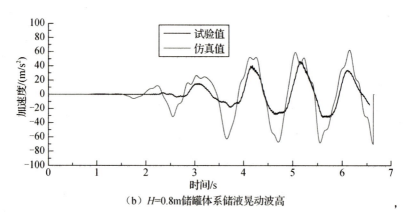

（b）H=0.8m储罐体系储液晃动波高

图 6.13　储液晃动波高对比

　　综合上述对结构体系加速度、土体加速度、储液晃动波高的分析，数值仿真与试验数值较为接近，两者互为验证。但数值仿真与试验还存在一定的差距，还需要不断改进。比如土体本构关系的修正、罐壁底部与承台接触模型的合理设置等。